最实用的
棒针编织

课 堂

李玉栋 主编

辽宁科学技术出版社
·沈阳·

本书编委会
主　编　李玉栋
编　委　宋敏姣　李　想

图书在版编目（CIP）数据

最实用的棒针编织课堂 / 李玉栋主编． -- 沈阳：
辽宁科学技术出版社，2015.9
　　ISBN 978-7-5381-9422-7

　　Ⅰ．①最… Ⅱ．①李… Ⅲ．①毛衣针—绒线—编织—
图解Ⅳ．① TS935.522-64

　　中国版本图书馆 CIP 数据核字（2015）第 208590 号

出版发行：辽宁科学技术出版社
　　　　　（地址：沈阳市和平区十一纬路 29 号 邮编：110003）
印 刷 者：长沙市雅高彩印有限公司
经 销 者：各地新华书店
幅面尺寸：185mm × 260mm
印　　张：6.5
字　　数：166 千字
出版时间：2015 年 9 月第 1 版
印刷时间：2015 年 9 月第 1 次印刷
责任编辑：郭　莹　湘　岳
封面设计：多米诺设计·咨询　吴颖辉　龙　欢
责任校对：合　力
版式设计：李　想

书　　号：ISBN 978-7-5381-9422-7
定　　价：29.80 元
联系电话：024-23284376
邮购热线：024-23284502

前言
PREFACE

编织在我国是一种十分实用的手工艺技术。通过编织，不仅可以编织出实用美丽的衣服，还可以编织出帽子、围巾、手套等作品；同时编织也是辅助心理治疗的一种好方法，编织在一定程度上可以舒缓焦虑情绪转移注意力，这是一种实用与健康相结合的工艺编织技术。

本书是一本棒针编织基础性实用图书，通过阅读此书，我们可以掌握棒针编织的基本技巧，经过反复练习，熟练地掌握之后，就可以驾轻就熟地编织出任何需要棒针技艺可以完成的编织作品，使用2根及2根以上的棒针就可编织出织片的技法，编织者一般都可以很轻松地织出织片。本书为您详细地讲述棒针学习必会常识、棒针基本符号与针法、棒针的多种起针方法、棒针编织加减针技巧、棒针编织中织片的织法以及拼接缝合方法、棒针编织中收针及挑针方法、引返编织以及配色花样的织法、开扣眼以及重要部位的编织，在掌握以上知识的同时，我们又为广大读者提供了棒针编织实力应用晋级篇，旨在提高编织应用实力，相信本书会为广大读者带来一定的收获。

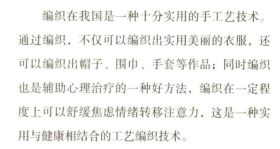

CONTENTS

棒针编织中收针及挑针方式

引返编织以及配色花样的织法

开扣眼以及重要部位的编织

棒针编织实例练习

棒针
学习必会知识

Bangzhen Xuexi Bihui Zhishi

棒针编织的基本技巧

毛线卷线的方法

利用手绕线。

1 将线端绕于拇指上，注意开始绕线的线端也就是开始编织的线端。

2 以8字形的方向，在拇指与食指之间相互缠绕。

3 按方向继续绕线。

4 缠绕至手满。

5 将线从手上取下缠绕，注意要保留拇指的绕线。

6 保留拇指部分的线端，并用原本的毛线说明纸标及橡皮筋，将线卷固定。

线和针的拿法

棒针编织的挂线方式有法国式和美国式两种方法，法国式是将线挂在左手食指上进行编织；美国式是将线挂在右手食指上进行编织，两种方法都是将右手棒针从正面插入左手棒针的针套里将线引出的编织方法。

【法国式：速度快】　　　　　　　　　　【美国式：针圈较为紧密】

毛线接线的方法

打结法：这种方法接的线不易脱落。

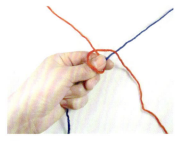

1 红线和蓝线如图交叉。　　2 红线长端绕 1 圈。　　3 蓝线穿入线圈。

4 均匀用力往外拉紧。　　5 完成。

常用棒针编织工具

棒针有不同材质的产品，有竹质的、轻金属质的、塑料质的等。针的粗细一般以号数或毫米表示，欧美系统的棒针是号数越大针越细，而日本系统的棒针是号数越大针越粗。

棒针除了有粗细之分外还有长短之分、一端有头等不同尺码，长短分 25cm 和 36cm，可依个人需要选用。环形针是可取代 4 支棒针做环形编织的工具，针号分类和棒针相同，长短分 43cm、65cm 和 80cm 等。

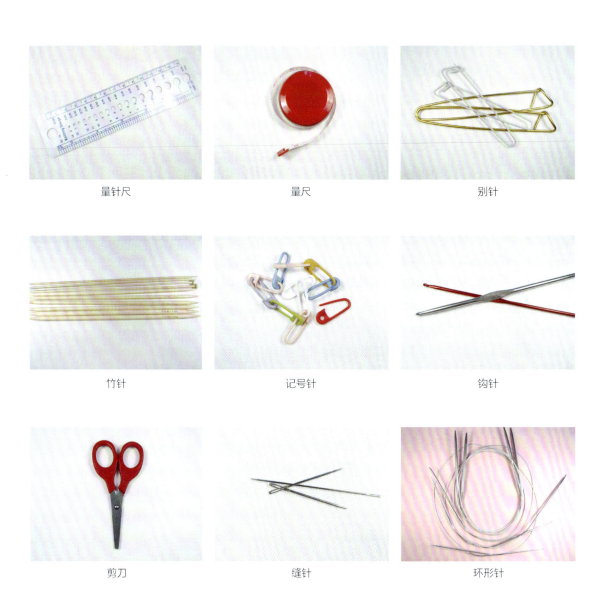

量针尺   量尺   别针

竹针   记号针   钩针

剪刀   缝针   环形针

棒针编织符号的识别

棒针符号和尺寸对照表

针号	粗（mm）	针号	粗（mm）
4	6.00	11	3.00
5	5.50	12	2.75
6	5.00	13	2.50
7	4.50	14	2.00
8	4.00	15	1.75
9	3.75	16	1.50
10	3.25		

棒针编织线材的选择

常见编织线材及特点

现在的毛线种类繁多，除了天然纤维的棉、麻、毛线外，还有化学纤维如粘胶（吸湿易染）、涤纶（挺括不皱）、锦纶（结实耐磨）、腈纶（蓬松耐晒）、维纶（价廉耐用）、丙纶（质轻保暖）、氨纶（弹性纤维）等，更有将各种线材随意组合搭配，创造了各种花式捻纱，增加了编织的乐趣。使用者可以依据穿着用途来选择用线，编织出自己满意的织物。

目前，市面上各种各样的线材不管成分如何，都可以从外观上分为两大类。

1. 一般线

分为极细、中细、中粗、粗、特粗、极粗等。

2. 花式特殊线

如一节粗一节细的大肚纱、结粒纱、圈圈纱以及马海毛、金银线、亮片线加以组合的花式线。

棒针
基本符号与针法

Bangzhen Jiben Fuhao yu Zhenfa

扭针

样片

1 扭针的上针和下针及绕线方法都不同，右棒针从针套的左上方向下穿入。

2 把线从上向下绕在右棒针上。

3 这时织出 1 针下扭针。

4 反面如图将右棒针从下向上穿入扭针的针套。

5 把线从下向上绕在右棒针上。

6 织出 1 针上扭针。

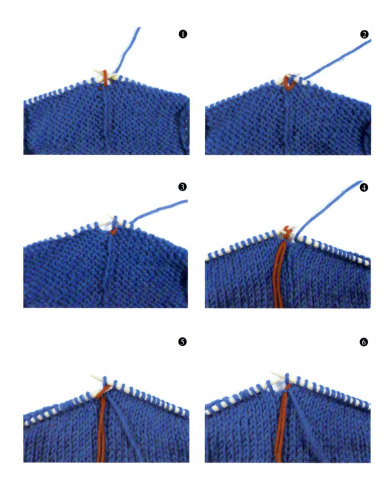

滑针

样片

❶

1 将右棒针挑过左棒针上一针不织。

2 把线从这针后面带过直接织第 2 针。

3 将右棒针带上线挑出这种方法叫滑针。

❷

❸

上针

样片

❶

1 将右棒针从右向左穿入 1 个针套。

2 把线从上向下绕在右棒针上，将针带上线从针套里退出，这种方法叫上针。

3 反过来时织下针。

❷

❸

下针 | |

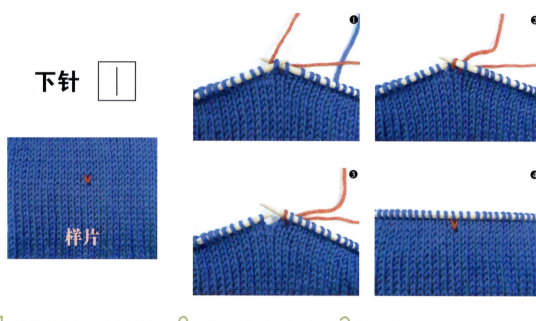

样片

1 将右棒针从上向下穿入 1 个针套。　　2 把线从下向上绕在右棒针上。　　3 将右棒针带上线挑出，这种方法叫下针。

4 在反面时织上针。

浮针 ⟨∀⟩

样片

1 在左棒针的第 1 针不织，用上针的方式移到右棒针上，线放在正面。

2 其余照常织完。

挂针

1 把线从织物下面拿上来在右棒针上绕1圈（相当于加1针）。

2 再织下一针。

3 上一行右棒针上绕加的1针这行正常织，这样就形成了1个洞也就加了1针，这种方法叫挂针，适合织镂空花。

样片

左加针

样片

1 在2行下的针圈左侧插针穿入。

2 织下针。

3 左加针完成。

右加针

1 从针圈的右侧插针进去。

2 织下针。

3 针圈本身也织下针。

引上针

1 左棒针上第 1 针不织滑掉
2 行。

2 棒针由第 2 行的针圈插针
进入挑起滑线至左棒针上。

3 织下针完成引上针。

上针左上
2 针并 1 针

1 右棒针由 2 针针圈的右侧同时插入。

2 绕线织成上针。

3 完成并针。

样片

上针右上
2 针并 1 针

样片

1 将左棒针 2 针的顺序位置做交换。

2 右棒针如图从 2 针的左侧位置插入 2 针一起织上针，完成并针。

下针左上
2 针并 1 针

1 将右棒针从左到右穿过 2 个
针套。

2 并织 1 针下针。

3 左边 1 针在上面。

样片

❶

❷

❸

下针右上
2 针并 1 针

1 将右棒针从右到上穿过 2 个
针套。

2 将右棒针上的 2 针，右边
的 1 针滑过不织直接织左
边的 1 针，把滑到右棒针
上的针圈套在左边针圈上。

3 完成并针，右边 1 针在上面。

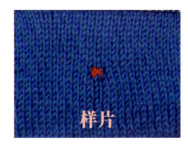

样片

❶

❷

❸

左上3针
并1针

1 右棒针由左侧同时穿入3针。

2 3针一起织下针。

3 将线引出完成。

中上3针
并1针

1 右棒针如图挑起左棒针上第1和第2两针线圈不织移到右棒针上。　2 左棒针上的第3针织1针下针。

3 把不织移到右棒针上的2针针圈套在刚织的1针下针上。　4 完成并针。

右上3针并1针

样片

1 把左棒针上第1针不织移到右棒针上。 2 把移到右棒针上的右边针圈，套在左边针圈上。 3 把移到右棒针上的右边针圈，套在左边针圈上。 4 完成并针。

左上1针交叉针

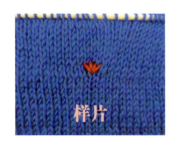

样片

1 将右棒针从上方穿过左针，将左棒针从下方穿过右针。 2 相互交换位置。 3 先织左边1针下针。

4 再织右边1针下针完成左上1针交叉针。

右上1针
交叉针

1 将左棒针从上方穿过右针，将右棒针从下方穿过左针。

2 交换位置并先织左针。

3 再织右针完成右上1针交叉针。

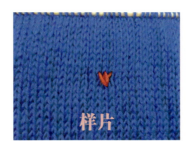
样片

❶

❷

❸

左跨3右拉针

样片

❶

❷

❸

❹

1 如图把右棒针插入左棒针的第3和第4个针圈中间。 2 将线引出。 3 引出线的右棒针拔出换方向，和第1针织并针。

4 剩余的2针织下针，这样就完成了左跨3右拉针结。

左套右交叉针

样片

❶

❷

❸

❹

1 用右棒针挑起左边 1 针穿过右边 1 针。　2 2 针形成交叉。　3 先织左边 1 针。

4 再织右边 1 针。

右套右交叉针

1 将左棒针上 2 针针圈不织移
到右棒针上。

2 将针圈 1 套在针圈 2 上形
成交叉针，并先织左边这针。

3 再织右边针。

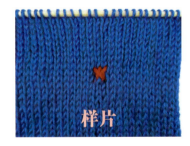

样片

❶

❷

❸

1 针里织出 3 针

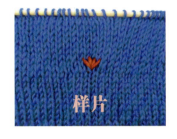

1 将右棒针在 1 针里织出 1 针下针。　2 把线在棒针上绕 1 圈作为第 2 针。　3 继续在这一针里织出第 3 针。

4 在反面织上针。

1 针里织出 5 针 5 排的球针

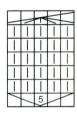

1 将右棒针先从 1 针里织出 1 针下针，将线在右棒针上绕 1 圈作为第 2 针。　2 在同一个洞孔里织出第 3 针，将线在右棒针上绕 1 圈作为第 4 针。　3 在同一个洞孔里织出第 5 针。　4 反过来织 1 排上针。　5 在正面织 1 排下针，反面织 1 排上针，正面织 1 排下针，反面织 1 排上针，总共织 5 排。　6 将正面 5 针并织 1 针，就形成了 1 个球针。

棒针多种起针方法

Bangzhen Duozhong Qizhen Fangfa

别锁线单罗纹针起针

下摆和袖口直接由罗纹针开始织，可避免烦琐的罗纹针缝合，利用别色线锁针起针法来织，初学者可以较快学会。别色线锁针就是用不同颜色的线来起针。用钩针在棒针上直接起针的方式起出所需针数除以2后挑织下针，织3行，折双编织成单罗纹时用编织用针。最后拆掉别色线，这种起针法就是单罗纹最好的起针法。

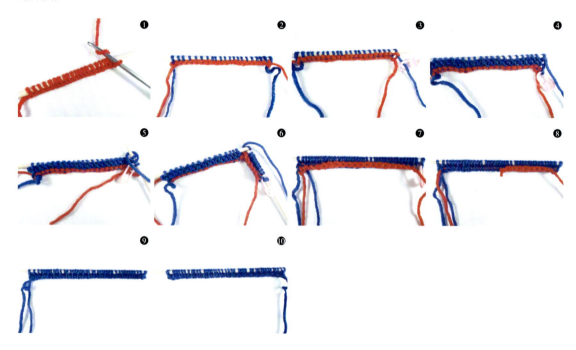

1 用钩针在棒针上起针的方式。用别色线起出所需针数的一半（这种起针省了挑针的麻烦）。 2 用比织单罗纹针大2号的棒针和编织线织1行下针。 3 第1行织完后在线上挂上记号锁织第2行。 4 第2行织上针，第3行再织1行下针。 5 第4行折双，挑起挂有记号锁织的线套和棒针上的第1针一起并织上针。 6 在棒针上的第2针织上针，然后挑起别锁辫子上的线套织下针。 7 重复以上步骤织完最后1针。 8 找到别锁辫子收针的位置，拆掉别锁辫子。 9 拆掉别锁辫子后的单罗纹一面。 10 拆掉别锁辫子后单罗纹的另一面。

别锁线双罗纹针起针

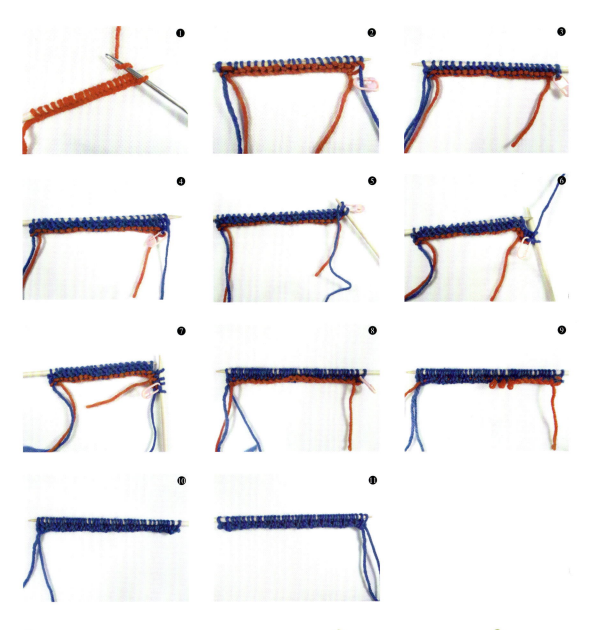

1 同别锁线单罗纹针起针步骤 1，只是起针数是 4 的倍数的一半。2 同别锁线单罗纹针起针步骤 2。3 同别锁线单罗纹针起针步骤 3。4 同别锁线单罗纹针起针步骤 4。5 同别锁线单罗纹针起针步骤 5。6 同别锁线单罗纹针起针步骤 6。7 挑起别锁辫子上的线套织下针，连续挑织下针，在棒针上织第 3 针上针和第 4 针上针。8 重复以上步骤到最后 1 针。最后，把别锁辫子上的针套和棒针上的最后 1 针并织上针。9 同别锁线单罗纹针起针步骤 8。10 拆掉别锁辫子后的双罗纹一面。11 拆掉别锁辫子后的双罗纹另一面。

卷针起针

起针可用单根棒针，留出 50cm 左右的线作为缝合线，右手食指绕线圈套在棒针上做起针。这种起针法伸缩性大、较薄，适合在起针片挑针编织，且不留痕迹。

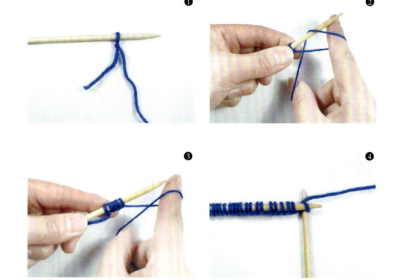

1 先在棒针上用线打 1 个结完成第 1 针。 2 左手拿棒针，右手食指绕线圈套在左手棒针上完成。 3 重复以上动作。

4 这种起针方法适合折双部位和在编织过程中一次加多针时使用。

手指挂线起针

这种起针法简单、易学、通用，适合初学者。

1 留出比编织物所需尺寸长 3 倍的尾线，在编织用针 2 根针上打 1 个结作为第 1 针。

2 右手拿针，左手把 2 根线分开。

3 棒针从右拇指旁边这根线穿入。

4 挑起食指上的线。

5 沿原路返回，拉紧拇指上这根线，第 1 次起针完成，这时针上有 2 个针套。

6 重复以上动作，继续起针。

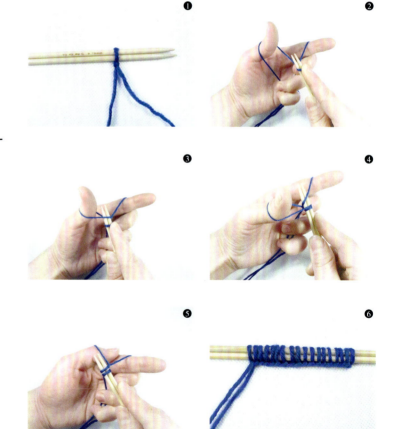

圆圈编织的起针

以环形针或4根棒针编织，大多数起针时都可以用上，需要注意的是围成圈时线要拉顺、拉紧且不能扭。

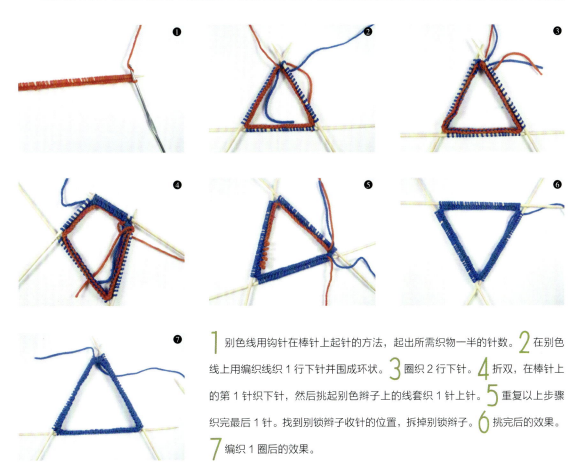

1 别色线用钩针在棒针上起针的方法，起出所需织物一半的针数。2 在别色线上用编织线织1行下针并围成环状。3 圈织2行下针。4 折双，在棒针上的第1针织下针，然后挑起别色辫子上的线套织1针上针。5 重复以上步骤织完最后1针。找到别锁辫子收针的位置，拆掉别锁辫子。6 挑完后的效果。7 编织1圈后的效果。

由中心向外编织的起针

这种起针法适合由点到面的编织。

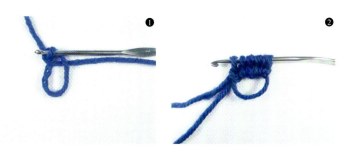

1 用钩针钩出 1 个环。 2 在圈内钩出 6 针短针。 3 把 6 针短针分别分在 3 根棒针上，每根针上分 2 针并拉紧线头。

4 织 1 圈下针（20 行以下的双数行都织下针）。 5 这 6 针是 6 个花瓣，先加 1 针再织下针，重复把这 1 圈织完。

别色线锁针起针

利用与织物不同颜色的线，最好是尼龙线或棉线等易拆、不会绊住本色线的线。用钩针钩锁针，再用棒针和织物用线，从锁针背面的里脊上挑针的起针方法。

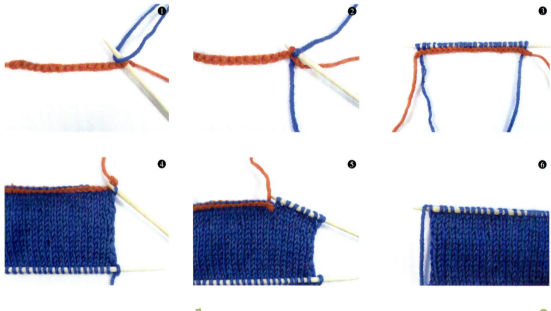

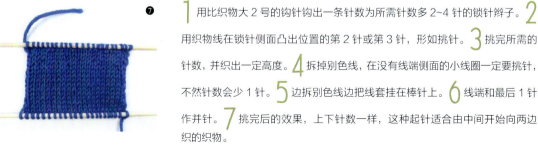

1 用比织物大 2 号的钩针钩出一条针数为所需针数多 2~4 针的锁针辫子。 2 用织物线在锁针侧面凸出位置的第 2 针或第 3 针，形如挑针。 3 挑完所需的针数，并织出一定高度。 4 拆掉别色线，在没有线端侧面的小线圈一定要挑针，不然针数会少 1 针。 5 边拆别色线边把线套挂在棒针上。 6 线端和最后 1 针作并针。 7 挑完后的效果，上下针数一样，这种起针适合由中间开始向两边织的织物。

棒针编织加减针技巧

Bangzhen Bianzhi Jiajianzhen Jiqiao

上针左边递增减针

按 2-1-1、2-2-1、2-3-1、2-4-1（第 1 个数字代表行数，第 2 个数字代表针数，第 3 个数字代表次数）递增减针。

 ❶

 ❷

 ❸

 ❹

样片

1 按 2-1-1 的织法，在上一行结束时减 1 针，这行开头挑过不织。

2 按 2-2-1 的织法，在上一行结束时减 1 针，这行开头减 1 针。

3 按 2-3-1 的织法，在上一行结束时减 1 针，这行开头减 2 针。

4 按 2-4-1 的织法，在上一行结束时减 1 针，这行开头减 3 针。

上针右边递增减针

按 2-1-1、2-2-1、2-3-1、2-4-1 递增减针。

 ❶

 ❷

 ❸

 ❹

样片

1 按 2-1-1 的织法，在上一行结束时减 1 针，这行开头挑过不织。

2 按 2-2-1 的织法，在上一行结束时减 1 针，这行开头减 1 针。

3 按 2-3-1 的织法，在上一行结束时减 1 针，这行开头减 2 针。

4 按 2-4-1 的织法，在上一行结束时减 1 针，这行开头减 3 针。

下针左边
递增减针

按2-1-1、2-2-1、2-3-1、
2-4-1 递增减针。

样片

1 按2-1-1的织法，在上一行结束时减1针，这行开头挑过不织。 **2** 按2-2-1的织法，在上一行结束时减1针，这行开头减1针。 **3** 按2-3-1的织法，在上一行结束时减1针，这行开头减2针。 **4** 按2-4-1的织法，在上一行结束时减1针，这行开头减3针。

下针右边
递增减针

按2-1-1、2-2-1、2-3-1、
2-4-1 递增减针。

样片

1 按2-1-1的织法，在上一行结束时减1针，这行开头挑过不织。 **2** 按2-2-1的织法，在上一行结束时减1针，这行开头减1针。 **3** 按2-3-1的织法，在上一行结束时减1针，这行开头减2针。 **4** 按2-4-1的织法，在上一行结束时减1针，这行开头减3针。

下针左边加 1 针
N 次成斜线

1 上一行织完最后 1 针时，将线在棒针上绕 1 圈换行时第 1 针挑过不织，要从第 2 针织起。

2 重复 1 的步骤，当每行织完最后 1 针时，线要在棒针上绕 1 圈。

3 重复加到所需针数，使其形成向左延伸的斜线状。

下针右边加 1 针
N 次成斜线

1 织到右边结束时，用手指绕线法在棒针上绕 1 次，第 2 行开头挑过这针不织。

2 重复 1 的步骤操作。

3 重复加到所需针数，使其形成向右延伸的斜线状。

下针左边绕线
扭加 1 针 N 次
成斜线

 ❶
 ❷

 ❸
 ❹

1 当织到左边剩下 1 针时，把线在棒针上绕 1 圈，再织最后 1 针。 2 织第 2 行时第 1 针挑过不织，右棒针从后左方往上穿入绕在棒针上的线圈，织 1 针扭上针。 3 重复 1 和 2 的步骤。 4 重复加到所需针数，使其形成向左延伸的斜线状。

下针右边绕线
扭加 1 针 N 次
成斜线

 ❶
 ❷

 ❸
 ❹

1 将右棒针挑过第 1 针，把线在棒针上绕 1 圈，再织第 2 针。 2 第 2 行织到绕线处，将右棒针挑起线套，左方的线织扭上针。 3 重复 1 和 2 的步骤。 4 重复加到所需针数，使其形成向右延伸的斜线状。

上针左边加多针递增

1 按 2-4-1 的织法，当织到右边结束时，用手指绕线的起针法在棒针上绕 4 次，即加了 4 针。

2 按 2-3-1 的织法，将第 3 行织到左边结束时，用手指绕线的起针法在棒针上绕 3 次，即加了 3 针。

3 按 2-2-1 的织法，将第 5 行织到左边结束时，用手指绕线的起针法在棒针上绕 2 次，即加了 2 针。

4 按 2-1-1 的织法，将第 7 行织到左边结束时，用手指绕线的起针法在棒针上绕 1 次，即加了 1 针。

5 按 4-1-1 的织法，将第 11 行织到左边结束时，用手指绕线的起针法在棒针上绕 1 次，即加了 1 针。

（ 按 2-4-1、2-3-1、2-2-1、2-1-1、4-1-1 加针）

上针右边加多针递增

1 按 2-4-1 的织法，当织到右边结束时，用手指绕线的起针法在棒针上绕 4 次，即加了 4 针。

2 按 2-3-1 的织法，将第 3 行织到右边结束时，用手指绕线的起针法在棒针上绕 3 次，即加了 3 针。

3 按 2-2-1 的织法，将第 5 行织到右边结束时，用手指绕线的起针法在棒针上绕 2 次，即加了 2 针。

4 按 2-1-1 的织法，将第 7 行织到右边结束时，用手指绕线的起针法在棒针上绕 1 次，即加了 1 针。

5 按 4-1-1 的织法，将第 11 行织到右边结束时，用手指绕线的起针法在棒针上绕 1 次，即加了 1 针。

（ 按 2-4-1、2-3-1、2-2-1、2-1-1、4-1-1 加针）

下针左边加多针递增

❶

❷

❸

1 按2-4-1的织法，当织到右边结束时，用手指绕线的起针法在棒针上绕4次，即加了4针。

2 按2-3-1的织法，将第3行织到右边结束时，用手指绕线的起针法在棒针上绕3次，即加了3针。

3 按2-2-1的织法，将第5行织到右边结束时，用手指绕线的起针法在棒针上绕2次，即加了2针。

❹

❺

4 按2-1-1的织法，将第7行织到右边结束时，用手指绕线的起针法在棒针上绕1次，即加了1针。

5 按4-1-1的织法，将第11行织到右边结束时，用手指绕线的起针法在棒针上绕1次，即加了1针。

（按2-4-1、2-3-1、2-2-1、2-1-1、4-1-1加针）

下针右边加多针递增

❶

❷

❸

1 按2-4-1的织法，当织到左边结束时，用手指绕线的起针法在棒针上绕4次，即加了4针。

2 按2-3-1的织法，将第3行织到左边结束时，用手指绕线的起针法在棒针上绕3次，即加了3针。

3 按2-2-1的织法，将第5行织到左边结束时，用手指绕线的起针法在棒针上绕2次，即加了2针。

❹

❺

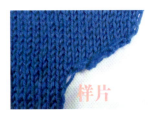

4 按2-1-1的织法，将第7行织到左边结束时，用手指绕线的起针法在棒针上绕1次，即加了1针。

5 按4-1-1的织法，将第11行织到左边结束时，用手指绕线的起针法在棒针上绕1次，即加了1针。

（按2-4-1、2-3-1、2-2-1、2-1-1、4-1-1加针）

上针左边递减减针

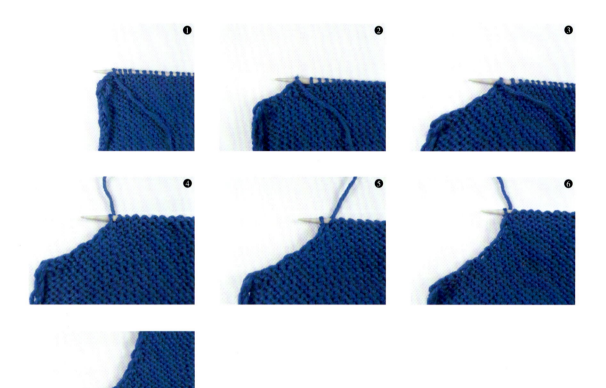

按 2-4-1、2-3-1、2-2-1、2-1-2、2-1-2、4-1-1 递增减针。

1 按 2-4-1 的织法，就是 2 行减 4 针减 1 次，第 1 针可以在上一行的结尾时完成，也可以在这行开头减 4 针，上一行结尾时减了 1 针，那这行开头就只减 3 针，也可以在这行平收 4 针。

2 按 2-3-1 的织法，当上一行结束时减 1 针，这一行开头减 2 针。

3 按 2-2-1 的织法，当上一行结束时减 1 针，这一行开头减 1 针。

4 按 2-1-2 的织法，当上一行结束时减 1 针，这一行开头挑过这针不织。

5 按 2-1-2 的织法，就是 2 行减 1 针，重复操作 2 次。

6 按 4-1-1 的织法，4 行减 1 针 1 次，同样是在上一行结束时减 1 针，开头挑过这针不织。

上针右边递减减针

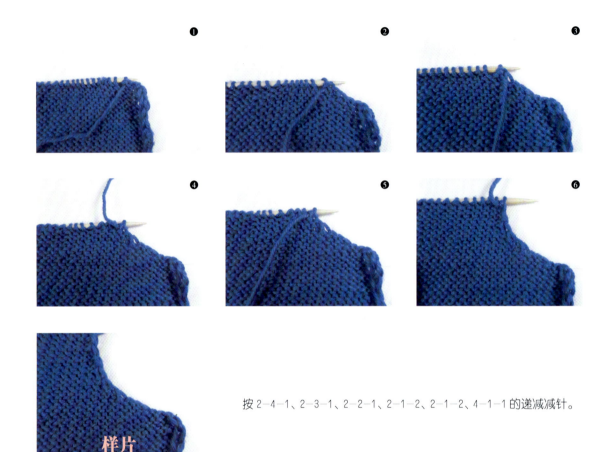

按 2-4-1、2-3-1、2-2-1、2-1-2、2-1-2、4-1-1 的递减减针。

1 按 2-4-1 的织法，就是 2 行减 4 针减 1 次，第 1 针可以在上一行的结尾时完成，也可以在这行开头减 4 针，上一行结尾时减了 1 针，那这行开头就只减 3 针，也可以在这行平收 4 针。

2 按 2-3-1 的织法，当上一行结束时减 1 针，这一行开头减 2 针。

3 按 2-2-1 的织法，当上一行结束时减 1 针，这一行开头减 1 针。

4 按 2-1-2 的织法，当上一行结束时减 1 针，这一行开头挑过这针不织。

5 按 2-1-2 的织法，就是 2 行减 1 针，重复操作 2 次。

6 按 4-1-1 的织法，4 行减 1 针 1 次，同样是在上一行结束时减 1 针，开头挑过这针不织。

小燕子左边 2 行收 1 针收 N 次成斜线

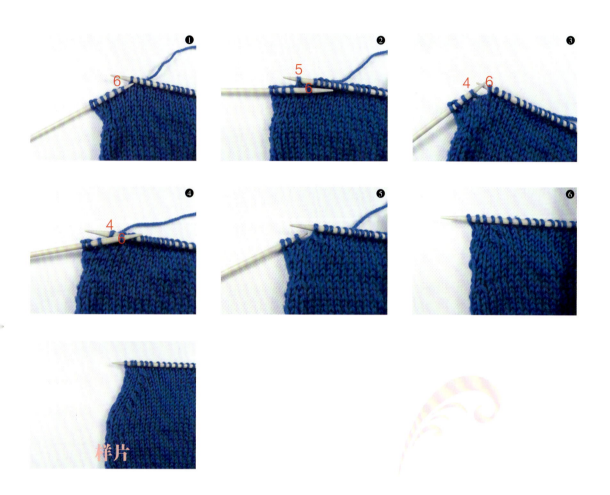

1 这一行织到左边棒针上还剩 6 针时开始收小燕子针。

2 如图把左棒针上倒数第 5 针和第 6 针交换位置，并织下针倒数第 5 针。

3 把倒数第 6 针不织移到右棒针上。

4 织倒数第 4 针并把移到右棒针上的倒数第 6 针套入穿过倒数第 4 针上。

5 完成了 1 针小燕子的收针。

6 织 2 行，重复以上步骤收够所需针数，使其形成由左向右延伸的斜线状。

小燕子右边 2 行收 1 针收 N 次成斜线

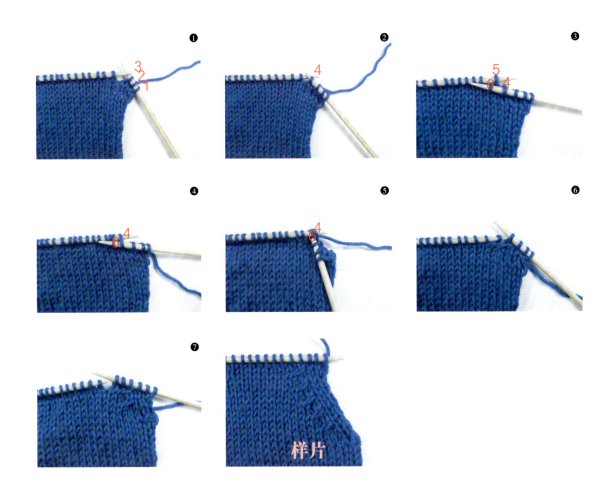

1 第 1 针挑过不织再织 2 针下针。

2 第 4 针不织移到右棒针上。

3 如图把左棒针上的第 5 针和第 6 针交换位置，用右棒针挑起第 4 针和第 6 针。

4 把第 4 针和第 6 针移回左棒针上。

5 用左上 2 针并 1 针的方法把第 4 针和第 6 针并织 1 针下针，第 6 针在上面。

6 完成 1 针小燕子收针。

7 织 2 行，重复以上步骤收够所需针数，使其形成由右向左延伸的斜线状。

棒针编织中织片的织法以及拼接缝合方法

Bangzhen Bianzhi zhong Zhipian de Zhifa Yiji Pinjie Fenghe Fangfa

起伏针织片

起伏针织片无论是单数行还是双数行都织下针。

1 织起伏针时用钩针在棒针上起针的方式起针更好。

2 第1针在不需要缝合的情况下可以挑过不织，只有在第1行的时候织1次。

3 第1行全部织下针。

4 第2行第1针先挑过不织，其他全部织下针。

5 重复以上步骤即可。挑过不织的1针，线是从第1针和第2针中间从上向下绕过的，这样两端和起针部位都是辫子。

样片

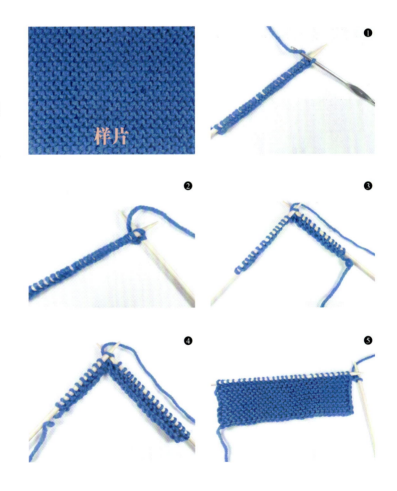

❶

❷

❸

❹

❺

单罗纹织片

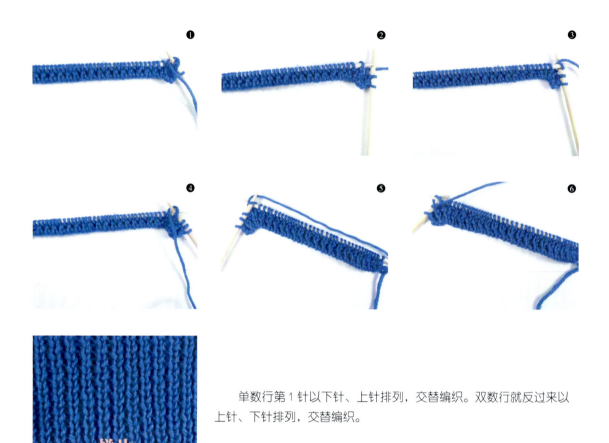

单数行第1针以下针、上针排列，交替编织。双数行就反过来以上针、下针排列，交替编织。

1 不需要缝合的情况下第1针下针可以挑过不织，把线从右棒针上从下向上绕上来织第2针织上针。

2 如图再把线从右棒针上从上向下绕下去。

3 第3针织下针。

4 第4针把线绕上来织上针。依次按1下针2上针3下针4上针的顺序织完这一行。

5 上一行的4针上针，这一行就织下针。

6 上一行的3针下针，这一行就织上针。依次织完这一行。

双罗纹织片

单数行以 2 针下针、2 针上针依次排列。双数行以 2 针上针、2 针下针依次排列。

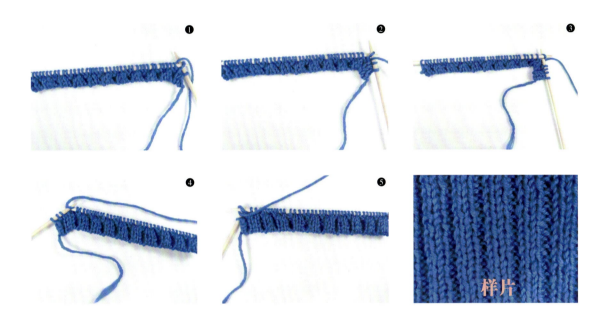

1 排针的时候以 2 针下针、2 针上针依次排列。先织 2 针下针。

2 绕线和上、下针的织法跟单罗纹针一样。再织 2 针上针。

3 再织 2 针下针。

4 上一行织的 2 针上针这一行织下针。

5 上一行织的 2 针下针这一行织上针。

上针织片

全是上针的织片，单数行
织上针，双数行织下针。

样片

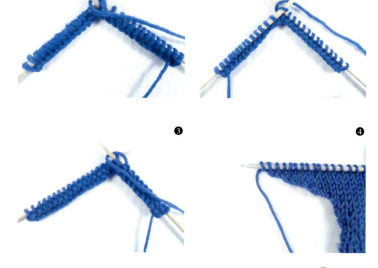

❶ ❷ ❸ ❹

1 第1行：右棒针从右向左穿入针套，线从上向下绕在右棒针上，退出右棒针时带出线套，这样就织出1针上针。 2 第2行：
右棒针从右上方向下穿入，线从下向上绕在右棒针上，退出右棒针时带出线套，这样就织出1针下针。 3 第3行：和第
1行一样织上针。 4 第4行：和第2行一样织下针。重复以上步骤单数行织上针，双数行织下针。

下针织片

全是下针的织片，单数行
织下针，双数行织上针。

样片

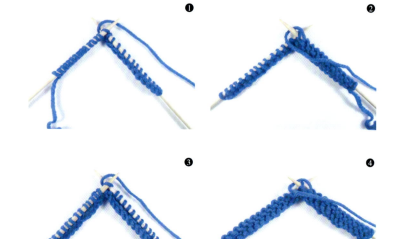

❶ ❷ ❸ ❹

1 第1行：右棒针从右上方向下穿入，线从下向上绕在右棒针上，退出右棒针时带出线套，这样就织出1针下针。 2
第2行：右棒针从右向左穿入针套，线从上向下绕在右棒针上，退出右棒针时带出线套，这样就织出1针上针。 3 第3
行：和第1行一样织下针。 4 第4行：和第2行一样织上针。重复以上步骤单数行织下针，双数行织上针。

鱼网针织片

　　鱼网针很厚实、蓬松、密度大。鱼网针的整个正反面都是织下针，在反面的每一行变换绕线的针，总之要错开绕，上次绕过了的这次织下针，没绕过的那一针在这行绕。正面只要把绕过线的那一针同相应的那一针一起织下针就可以了。

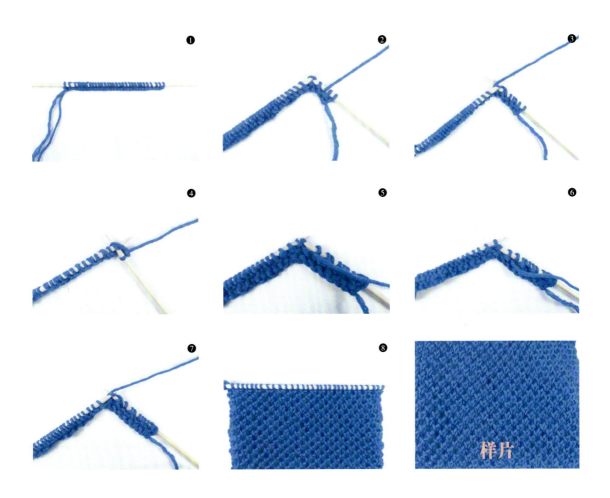

1 起针织 1 行下针。　2 反面第 1 针挑过不织，织第 2 针下针后把线从下面向上面拿上来并把左棒针上的第 3 针挑到右棒针上不织线从这针上绕过织第 4 针下针。　3 按上面步骤完成这一行。　4 正面第 1 针挑过不织，将棒针从绕在针上的线和相应的那一针里穿过织完第 2 针，第 3 针正常织下针。　5 反面上一行没绕线的这一针是 1 个线套。　6 上一行绕过线的这一针是 2 个线套。　7 上一行绕过线的这一针织下针，没绕线的这一针直接移到右棒针上不织线从这针上绕过。　8 重复以上步骤织成鱼网针效果图。

单桂花针织片

圈织时单数行以上、下针排列，那么双数行就要错开以下、上针排列。

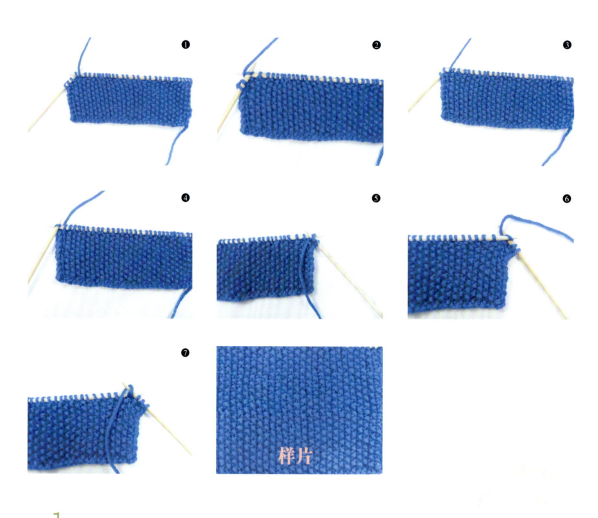

❼ 样片

1 上一行的下针，这行织上针，以最后4针为例，倒数第4针织上针。

2 倒数第3针织下针。

3 倒数第2针织上针。

4 倒数第1针织下针。

5 这一行第1针滑过，第2针织上针。

6 第3针织下针。

7 第4针织上针，上一行织的上、下针和这一行要错开织，重复操作就织成了桂花针。

双桂花针织片

第1、2行以上、下针排列,那么3、4行就要错开以下、上针排列,也就是每2行变换一次上、下针的排列。

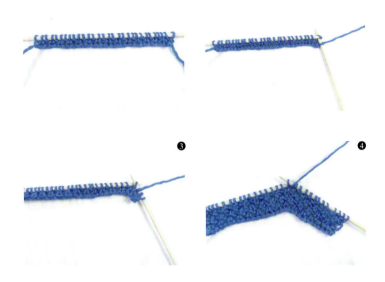

样片

1 起针织2行上、下针。　　**2** 第3行开始上一行是上针的这一行织下针。　　**3** 上一行是下针的这一行织上针。

4 第4行跟第3行一样排列织,每2行变换1次上、下针的排列。

单元宝针织片

正面下针挑过不织,线从这针上绕过,织1针上针,反面织上针时连同绕在这针上的线一起织上针。织1针下针。

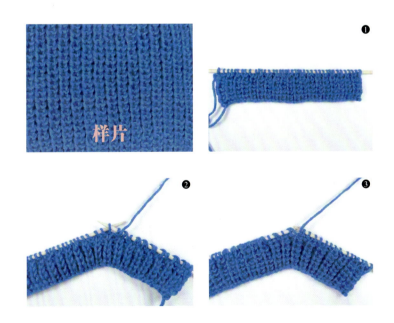

样片

1 起针织1行上、下针。

2 下针挑到右棒针上不织把线从这针上绕过直接织上针。

3 上针连同绕在这针上的线一起织上针。

麻花针织片

麻花针就要用到棒针符号里的左上2针交叉针和右上2针交叉针，扭麻花的方向不能反，第1行用左上2针交叉针，第2、3、4行正常织，第5行照样要用左上2针交叉扭针。

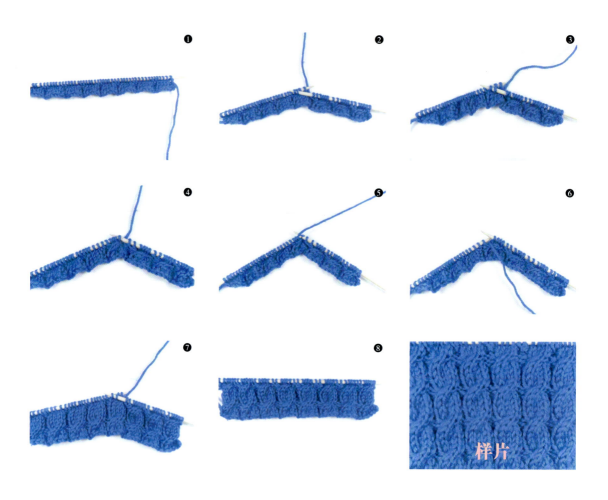

1 起针4针下针，2针上针，织3行。 2 右棒针穿入4针下针的左边两针（3针和4针）。 3 把3针和4针从左边移到右边1针和2针的前面。 4 用右棒针把3针、4针和1针、2针交换位置放到左棒针上。 5 按现在左棒针上排列的位置依次织4针下针。 6 把线从下向上绕上来织2针上针，依次织完这一行。 7 在织3行平针后按上面方法再织1行左上2针交叉针就形成了1个麻花。 8 织好1个麻花后的效果图。

菠萝花针织片

第1行全织上针，第2行是1针里放3针（织下针），3针并1（织上针），第3行全织上针，第4行是先3针并1（织上针）后在1针里放3针（织下针），注意第2行和第4行的收放针要错开，第2行3针收1针的第4行就1针里放3针，第2行1针里放3针的第4行就3针收1针。注意菠萝花起针4的倍数加2针边针。

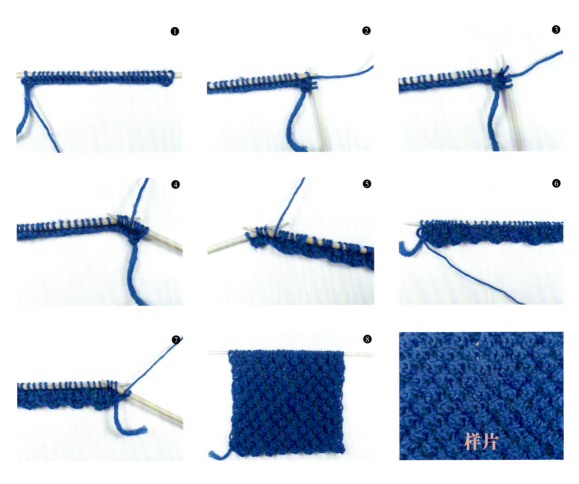

1 起针织1行上针。**2** 第2行反面第1针挑过不织，在第2针针圈时织1针并把线在针上绕1圈。**3** 再在这针里织1针，共挑出3针。 **4** 把3、4、5针3针并1针织上针。**5** 这一行就先放后收的，那最后的应该是3针并1针，最后1针织上针。 **6** 第3行正面织上针。 **7** 第4行反面，第2行1针里放3针的这一行是3针并1针织上针，第2行里3针收1针的这一行1针放3针下针。**8** 按以上步骤织出的菠萝花的效果图。

铜钱花针织片

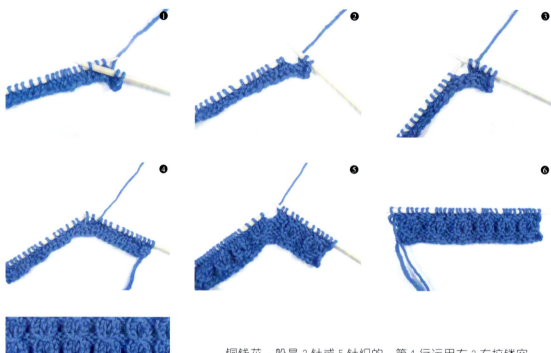

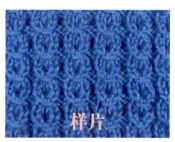

样片

　　铜钱花一般是3针或5针织的，第1行运用左3右拉镂空针结符号针织的3针下针，2针上针正常织，第2、第3、第4针正常织3针下针2针上针，第5行再织左3右拉镂空针结针就形成了铜钱花。

1 起针织2针上针3针下针2行，第3行前面2针上针正常织。

2 用右棒针把左边第3针穿过右边2针。

3 织1针下针并把线绕在棒针上绕1圈加针再织1针下针。

4 反面正常织2针下针、3针上针，正面织2针上针、3针下针。

5 正常织3行后，再按上述步骤织左3右拉镂空针结符号针。

6 一个完整的铜钱花效果图。

引拔针拼接

这种方法也常用在肩线接合。

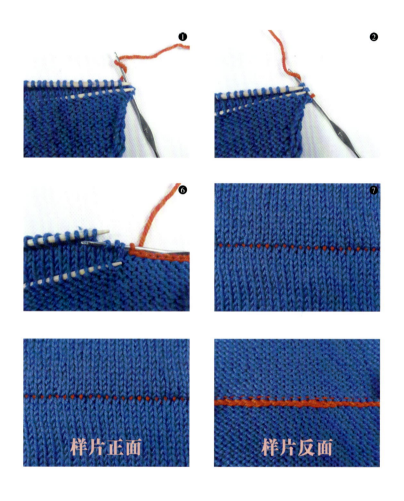

样片正面

样片反面

1 两片织片正相对，在反面进行接合，用钩针穿入 2 根棒针上的各第 1 针将线引出。

2 如图将线从 3 针针圈里引出。

3 当前后片肩线针数不同时：由于前后片花样不同，肩线虽是同尺寸但针数却不同，此时要将多的一方，一次移 2 针来接合，移 2 针的位置是平均分配或放在花样看不出的地方。

4 完成后的效果图。

平针针对针
的拼接

1 只要是顺着同一个方向织的织片缝出来就能针对针，一丝不差。如果是 2 片都是向上织，再针对针地对接就会有半针对不上。所以对织片要求特别高时，尽量避免 2 片都向上，织好后再对接。拆掉别锁辫子，用棒针挑起再缝，就成顺的了。2 片对齐，缝针先穿入端一针，从另一片的端一针里穿出；从第 2 针开始每次都要从 2 个针套里穿过，两边都重复这个动作。

2 平针针对针对接后的效果图。

单罗纹针对针
的拼接

1 一般情况下，要用别锁辫子针起一条辫子，在辫子的后山挑织单罗纹，织够所需尺寸，然后拆掉别锁辫子，用棒针穿好后和现在的单罗纹对接，这样对接后的效果就像一次织成的一样。 2 单罗纹针对针拼接后的效果图。

起伏针针对针
的拼接

 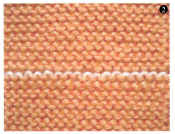

1 起伏针的拼接应一片由上针结束，另一片由下针结束。这样缝出来才不会打乱起伏针的效果。所以缝时一片要用下针的缝合走势，另一片则要用上针的缝合走势。 2 起伏针针对针拼接后的效果图。

上针拼接

两织片都是上针的拼接。

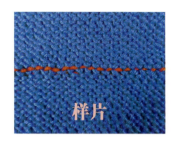

样片

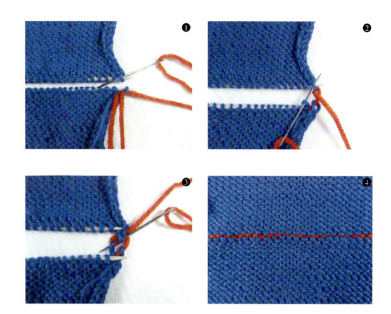

1 2个织片对齐，缝针先从下织片右边的第1针圈穿入，再从上织片右边的第1针圈穿出。 2 再从下织片右边的第2针圈穿入从上织片右边的第1针圈里穿出。 3 再从上织片右边的第2针圈穿入从下织片左边的第2针圈里穿出。

4 重复步骤2和3的动作缝完织片的效果图。

下针拼接

两织片都是下针的拼接。

- -

1 2个织片对齐，缝针先从下织片右边的第1针圈穿入，再从上织片右边的第1针圈穿出，再穿入下织片右边的第1针圈和第2针圈。

2 再穿入上织片右边的第1针圈和第2针圈，从第2针开始每次都要从2个针圈里穿过，两边都重复这一个动作。

3 拼接完后的效果图。

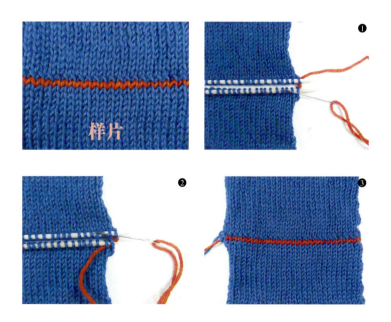

样片

套收引拔针的拼接

这种方法用在收肩，可以增加肩的牢固。

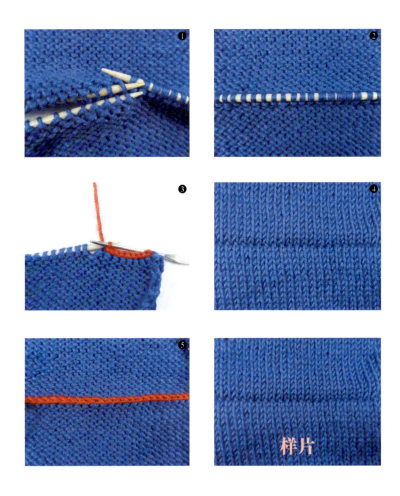

1 两面织片正面相对，从反面接合，套收针就是先把 2 根棒针上的针，1 针对应 1 针地套在一起。

2 套好后的效果。

3 用钩针在针圈上钩引拔针。

4 完成后的正面效果。

5 完成后的反面效果。

单罗纹行对行的缝合

1 在织所需要缝合的单罗纹时，每行开头的第 1 针为了缝合方便一定要织，2 片对齐，缝针在上织片的第 1 针和第 2 针两针之间的横线上穿入。

2 缝针在下织片的第 1 针和第 2 针两针之间的横线上穿入，上下交替，拉紧缝线，松紧要适度，以平整为宜。

3 缝合后的单罗纹效果。

双罗纹行对行
的缝合

1 缝针在 2 片端一针和端两针的中间交替挑针。拉紧缝线，调整到不松不紧的状态。

2 缝合后的双罗纹效果。

半回针的缝合

就是缝针走过去又返回来缝 1 针的缝法。

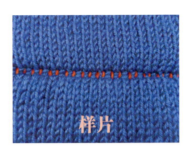

1 缝针在织片的反面，从第 1 针穿过去，在第 3 针穿过来，折回又从第 2 针穿过去，在第 4 针穿过来，就这样走过去折回来的缝法。

2 缝合后的反面样子。

3 缝合后的正面样子。

半针内侧的挑针缝合

1 缝针只在 2 片的端针上挑半针的缝合。

2 缝合出来的 2 个半针形成 1 针的效果。

双层翻折片的缝合

这种方法一般用于双层领的缝合。

1 按所需高度折好双边，用钩针在棒针上取 1 针，从织片对应的这针的线套里穿入，钩针挂上线钩出线圈，同钩针上原有的那个针圈做引拔。

2 双层缝合的反面效果。

3 双层缝合的正面效果。

针对行的缝合

1 针的密度和行的密度不相同，所以针对行缝合的时候一般是 3 针对 4 行。

2 针对行的缝合效果。

折双的缝合

1 缝针在织物的反面：从第 1 针穿过去，再从第 3 针穿过来，折回又从第 2 针穿过去，再从第 4 针穿过来，就这样穿过去折回来的缝法叫半回针缝合。 **2** 缝合后的正面效果。 **3** 缝合后的反面效果。

用钩针做引拔缝合

样片正面　　样片反面

1 2 片对齐，钩针从 2 片穿过，钩针挂上线拉出线套从钩针上的线翻工里引拔出来。 **2** 引拔缝合的效果。 **3** 反面的效果。

起伏针行对行的缝合

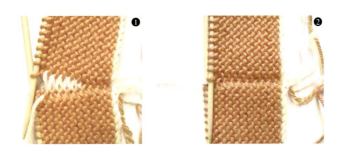

1 缝针在左、右片的端一针和端两针之间交替挑针，拉紧缝线，调整到松紧适度。

2 起伏针行对行的缝合效果。

"匚"字缝合

缝针在上下织片上来回走"匚"字形的缝合。

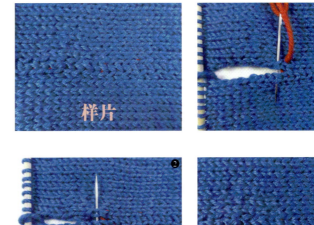

样片

1 缝针从上织片的1针辫子里穿入从下织片的1针辫子里穿出（也可以只缝半针）。

2 缝针从上织片的1针辫子里穿入从下织片的1针辫子里穿出。

3 缝合后的效果。

织片编织密度及尺寸的测量方法

样片织好后，用手将样片在纵向、横向的各个方位轻轻地拉一拉，然后平铺在平面上测量。

平针编织密度的测量

样片的密度要大于 15cm，取中间的长和宽各 10cm 来测量横向有几针，纵向有几针，再换算为以 1cm 为单位，小数点 2 位以下则 4 舍 5 入。

横向 22 针 =10cm

纵向 28 行 =10cm

换算 1cm 为单位是：

2.2 针 =1cm

2.8 行 =1cm

再按胸围来测算要起的针数，这个要看织的衣服是紧身的还是宽松的，来适当地加减针数。以套头衫来说，大人衣服的胸围要按实际的尺寸放宽 2cm，小孩衣服的胸围要按实际的尺寸放宽 6cm。

以胸围 80cm 来算，按实际尺寸是 80cm × 2.2 针 =176 针。

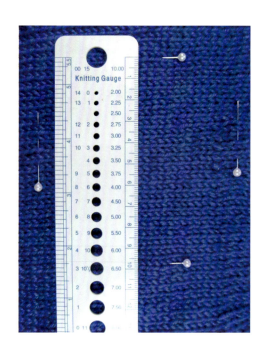

花样编织密度的测量

花样样片要先织花样 2~3 个，再量长、宽分别为几厘米，数出几针几行，再算出平均值。

第 1 个单元花是 8 针 ×6 行

以 2 个花样来测量

长是 16 针 =8.5cm

宽是 24 行 =7.5cm

计算 1cm 为单位是：

1.9 针 =1cm

3.2 行 =1cm

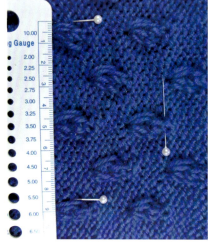

棒针编织中收针及挑针方法

Bangzhen Bianzhi zhong Shouzhen ji Tiaozhen Fangfa

弹性收针

❶

❷

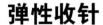

样片

❸

❹

1 第 1 针不织挑到右棒针上，线在右棒针上绕 1 圈。**2** 织第 2 针下针。**3** 用左棒针把右棒针上第 1 针和第 2 针套拨到第 3 针上。**4** 重复以上操作收完针。

上针套收针

为了编织的针圈不会被拆掉所进行的收边处理，收针与起针一样重要，边收得漂亮会给整件作品增添光彩。

样片

1 在编织过程中的收针，先织好 2 针上针，把后面的 1 针套拨到前面 1 针上收针，最后结尾时的线穿过最后收的 1 针里。

2 上针套收针的效果。

下针套收针

1 在编织过程中的收针，先织好 2 针下针。

2 把后面的 1 针套拨到前面 1 针上收针。

3 最后结尾时的线要穿过最后收的 1 针里。

样片

双罗纹收针

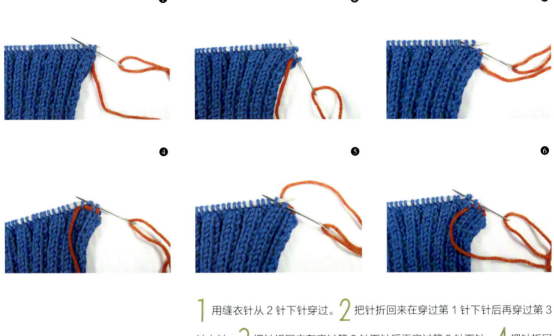

❶   ❷   ❸

❹   ❺   ❻

样片

1 用缝衣针从 2 针下针穿过。 2 把针折回来在穿过第 1 针下针后再穿过第 3 针上针。 3 把针折回来在穿过第 2 针下针后再穿过第 5 针下针。 4 把针折回来在穿过第 3 针上针后再穿过第 4 针上针。 5 把针折回来在穿过第 5 针下针后再穿过第 6 针下针。 6 把针折回来在穿过第 4 针上针后再穿过第 7 针上针，后面重复 3~6 的步骤收完双罗纹针。

单罗纹收针

1 用缝衣针穿入第1针下针和第2针上针。 2 再把针折回穿入第1针下针和第3针下针。 3 再折回穿入第2针上针和第4针上针，注意针的方向。 4 重复2和3的步骤，上针和上针缝合，下针和下针缝合，就完成了单罗纹收针。

卷缝收针

卷缝收针是比较有弹性的收针法，注意拉线的松紧度，否则易造成针圈不平整。

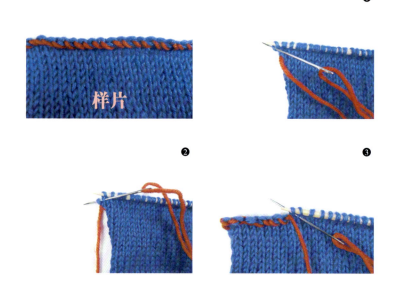

1 这个卷缝收针是从左边开始收的，先用缝衣针穿过左边第1针。

2 再用针从左边第2针针圈穿过后再穿入左边第1针针圈。

3 重复操作第2步收完针。

在行上挑针

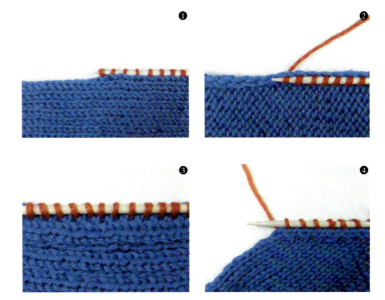

样片

1 在下针的行上挑针，需要平整的效果时，2个辫子针里挑3针；需要紧一点儿有收缩感的效果时1针辫子针里挑1针。

2 在上针的行上挑针，需要平整的效果时，2针辫子针里挑3针；需要紧一点儿有收缩感的效果时1针辫子针里挑1针。

3 在双罗纹的行上挑针，需要平整的效果时，2针辫子针里挑3针；需要紧一点儿有收缩感的效果时1针辫子针里挑1针。

4 在斜线的行上挑针，需要平整的效果时，2针辫子针里挑3针；需要紧一点儿有收缩感的效果时1针辫子针里挑1针。

在弧线上挑针

1 用棒针在收多针的部位里挑1针，在收1针的部位2针里要挑3针，这种方法挑出来的编织物较为平整。

2 在弧线上挑针的效果。

上针引拔收针

❶   ❷

1 用钩针在上针上做引拔收针，钩针穿入 1 针上针，钩针挂线钩出 1 针，和钩针上原有的针套做引拔。

2 上针引拔收针的效果。

下针引拔收针

此方法好学好用，但边容易变紧。

1 用钩针穿入 1 针下针，钩针挂上线钩出 1 针。

2 钩针穿入第 2 针下针，挂上线和针上第 1 针套做引拔收针。

3 下针引拔收针的效果。

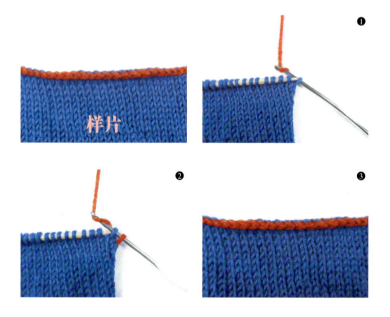

❶

❷   ❸

引返编织以及配色花样的织法

Yinfan Bianzhi Yiji Peise Huayang de Zhifa

袖山引返编织

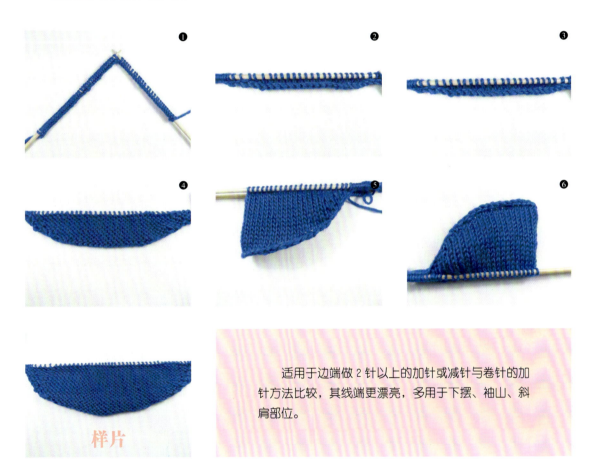

适用于边端做 2 针以上的加针或减针与卷针的加针方法比较，其线端更漂亮，多用于下摆、袖山、斜肩部位。

1~3 按从多到少的递减方法向两边扩散加针，按 2-4-1、2-3-1、2-2-1、2-1-N 次织法（引返编织时把线从相邻的这针上绕一下）保持编织物的紧密度，下一行织过这针时把绕在这针上的线套取下来，隐藏在反面一起编织，保持织片的美观。 **4** 引返编织上针的效果。 **5** 引返编织下针的效果。 **6** 继续引返编织 2 行挑 1 针的效果。

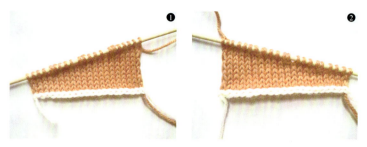

肩部编织

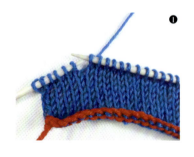

1 当织到左端剩下 5 针时，线要从相邻这针上绕 1 圈，折回来编织，第 3 行织到左端剩下 5 针时，线要从相邻的这针上绕 1 圈，折回来编织，第 5 行织到左端剩下 5 针时，线要从相邻的这针上绕 1 圈，折回来编织。下针时的左肩效果（缝合肩时把绕在针上的线圈取下来，隐藏在反面和这针一起缝合），保持织片的美观。

2 当织到右端剩下 5 针时，线要从相邻的这针上绕 1 圈，折回来编织，第 3 行织到右端剩下 5 针时，线要从相邻的这针上绕 1 圈，折回来编织，第 5 行织到右端剩下 5 针时，线要从相邻的这针上绕 1 圈，折回来编织。下针时的右肩效果（缝合肩时把绕在针上的线圈取下来，隐藏在反面和这针一起缝合），保持织片的美观。

3 上针时的左肩效果。

4 上针时的右肩效果。

左肩引返编织

1 织物正面织到左边棒针上还剩 6 针时织引返针。

2 织物反面在编织线上挂记号锁并把第 7 针不织滑到右边棒针上直接织第 8 针上针到这一行织完，引返了 1 次。

3 在织到左棒针上总剩 12 针时按 2 的步骤再引返 2 次。

❹

❺

❻

❼

❽

❾

❿

总针数为 25 针的左肩部引返针，每 6 针引返一次，引返 3 次的情况。

4 在织到左棒针上总剩 18 针时按 2 的步骤再引返 3 次。

5 织物的正面，把上一行滑过的一针照织 1 下针。

6 再用左棒针挑起挂有记号锁的线套。

7 再用左上 2 针并 1 针的方法把左棒针上的第 1 针和记号锁的线套并织 1 针下针。

8 按步骤 5~7 的方法织完这一行。

9 引返后织物反面的效果。

10 引返后织物正面的效果。

右肩引返编织

总针数为 25 针的右肩部引返针，每 6 针引返一次，引返 3 次的情况。

1 织物反面织到左边棒针上还剩 6 针时织引返针。 2 织物正面在编织线上挂记号锁并把第 7 针不织滑到右边棒针上直接织第 8 针下针到这一行织完，引返了 1 次。 3 按步骤 2 的方法引返 3 次完成。 4 织物反面，把上一行滑过的这一针照织 1 上针。 5 再用左棒针挑起挂有记号锁的线套。 6 把挂有记号锁的线套和左棒针上第 1 针交换位置放在左棒针上。 7 把记号锁线套和左棒针上的第 1 针并织 1 上针。 8 按步骤 4~7 的方法织完一行。 9 引返后织物反面的效果。 10 引返后织物正面的效果。

标志图案配色

正面效果　　　　　　反面效果

直条纹配色

在同一层中有多次换线时，每个换线位置，都要准备线团。在同层内两色换线的交界处为了不要有洞，要将线进行交叉。

1 4个线团的条纹配色，过渡时的配色线要在刚织过线的下方绕上来，再织过渡色的这一针，以保持织物的紧密度。

2 黄色线从蓝色线下方绕上来织1针黄色线圈。 3 同上方法蓝色线从黄色线下方绕上来织1针蓝色线圈。 4 同上方法红色线从蓝色线下方绕上来织1针红色线圈。 5 反面绕线更清楚，方法一样。蓝色线从红色线下方绕上来织1针蓝色线圈。 6 相同的绕线方法完成反面换色。 7 完成配线织片的编织后的效果。

横条纹配色

颜色与颜色之间换线要固定在同一个点上，反线直接从反面拉过去，但要调整好拉线的松紧度。

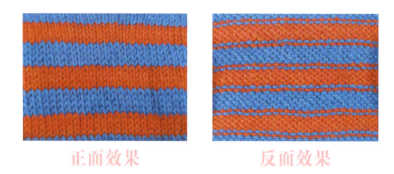

正面效果　　　　　　　　反面效果

方块格子配色

　　颜色与颜色之间相隔 3 针以内，且行数不多时，线可直接从反面拉过；颜色与颜色之间超过 3 针时，且行数多时，要换线团织，线不可从反面拉。不然不仅会增加编织物的厚度，还会使拉线不均匀影响编织物的效果。

❶　　　　　　　　　　❷　　　　　　　　　　❸

1 是以 15 针为最宽度的方块格子，方块图案最底下只有 1 针，线可以直接拉过去织下一行。

2 颜色与颜色之间一定要绕一下线，等待编织的这根线要从刚织过的那根线下方绕上来织这一针，方块格子第 2 行换色线两边各加 1 针，共 3 针，下一行要换色线要加到 5 针，从这一行可以加 1 个主色线团来织下一个色块。

3 同样的方法，第 3 行方块格子换色线加到 5 针，第 4 行方块格子换色线加到 7 针。

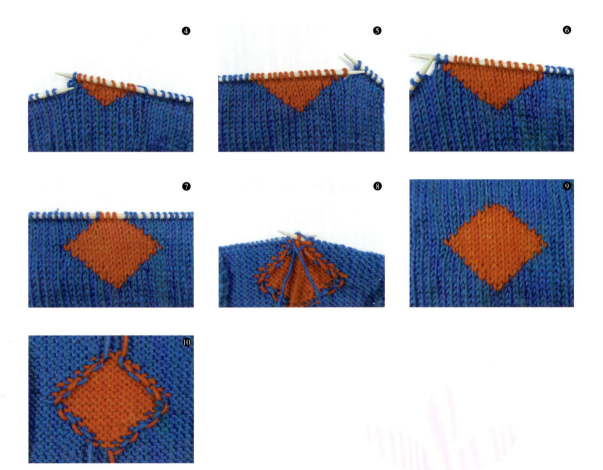

4 第5行方块格子换色线加到9针。

5 换色线依次加针法加到15针。

6 从这一行开始换色线两边各减1针为主色线编织。

7 每一行两边都各减1针为主色线编织。

8 织到最后又回到原点只有1针换色线时，线可以直接拉过去织下一针。

9 方块格子图案编织正面效果。

10 方块格子图案编织反面效果。

开扣眼以及
重要部位的编织

Kaikouyan Yiji Zhongyao Buwei de Bianzhi

竖织小扣眼

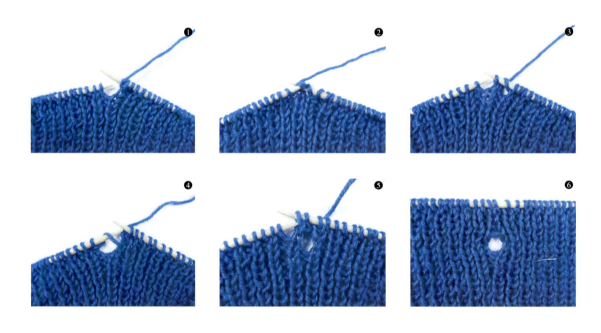

1 选择需要开扣眼的位置，正面线先从右棒针上绕1圈。 2 再把左棒针上的2针并织1针下针。 3 并好针后的样子。

4 反面把上一行绕在右棒针上的那一圈织下针。 5 竖织小扣眼就织好了。 6 完成后的效果。

横织小扣眼

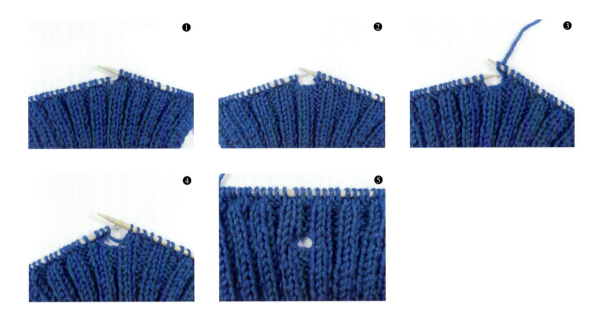

1 选择需要开扣眼的位置。 2 平收 2 针后织下一针。 3 反面在右棒针上绕 2 个线环即加了 2 针（上一行收几针，这一行就加几针）。 4 正面把上一行绕在棒针上的 2 针分别织原来应织的针，1 个横开小扣眼就织好了。 5 开好扣眼后的效果。

锁缝扣眼

1 将扣眼位置的线圈拉开，四周用细线以锁边缝固定。 2 缝针要从缝线里穿过把边锁住。 3 锁缝完的效果。

袖子的织法

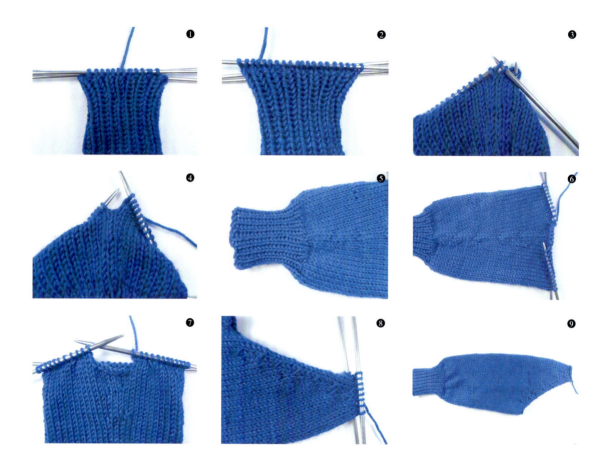

1 这是从下到上由袖口到袖山的环状织法，先起针织罗纹针为袖边，起针数一般是正身针数的 1/4，用针号一般比正身小一号的针织边。

2 罗纹针织好后换织正身的针号并分散加针到这一行（把所需要加的针均匀地分布在不同的位置上）。

3 环状编织的袖子要逐步加针，一般是每织 6~10 行加一次，一次加 2 针。在袖下线的位置，在第 1 针和第 2 针之间加 1 针。

4 这一行织到最后在倒数第 1 针和倒数第 2 针之间再加 1 针。

5 这是袖下逐步加针的效果，袖子最宽度针数一般是前片针数减去 20~30 针的针数。

6 袖下织到所需长度后收针织袖山，先在腋下用套收针法一次性收掉几针。收针数和正身袖窿收针数一样。

7 在袖山的两边分别用小燕子收针法收针，收针的多少取决于袖窿的大小。

8 袖山收针以先慢后急的收法，先用每 4 行收 2 针小燕子针，收 N 次，最后再以每 4 行收 3 针小燕子针收 2 次结束袖山，最后一次性套收针完成，这样织出来的袖山与正身缝合时才会得体。

9 完成后的袖子效果。

口袋的织法

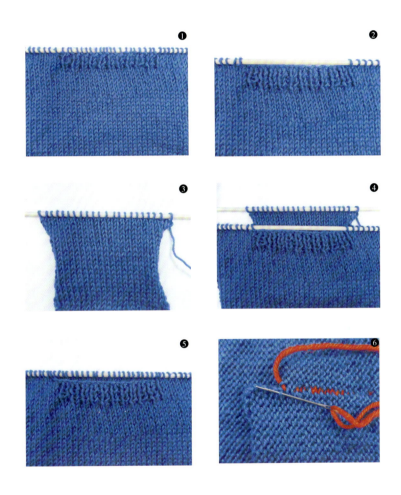

1 织到需要留袋口的位置时，先算出要织口袋的针数，先织几行罗纹针以增加袋口的弹性。 2 收掉袋口。

3 另外起针织内袋，起针数是上面袋口的针数。 4 把织内袋的棒针数和正身的棒针数合并。 5 合并后的效果。 6 将内袋口在不影响正面的情况下缝在身片反面，3 边用缝针固定。

卷卷领挑针的织法

在正面挑针，圈织全平针，收针用卷缝收针或弹性收针都可以。

❶ 卷卷领可以挑好针后直接织，也可以织机器领后织卷卷领。 ❷ 圈织全平针织 15 行左右。 ❸ 用弹性收针法收边，织 1 针下针线在右棒针上绕一下再织下针 1 针。 ❹ 把下针和绕在右棒针上的线圈一起套收在第 1 针上。 ❺ 完成后的卷卷领成衣效果。

圆领挑针的织法

一般是从肩线开始挑针，总针数为偶数针，为了织出的边缘能贴合颈部，可用比身片小 1~2 号的棒针织。

❶ 圆领平收的地方是在收针的下面一行挑，并针的地方是在并针的里面一针针眼里挑，不并针的地方是和门襟一样在 1 针和 2 针中间挑。 ❷ 用比身片小 1~2 号的棒针从肩线开始挑针。 ❸ 前领部分挑针数要左右对称，注意平收的地方和并针的交界处一定要挑。

V 领挑针的织法

跟圆领挑针一样，是从肩线开始挑针，为了织出的边缘能贴合颈部，用比身片小1~2号的棒针，但在中央的留针圈要织下针，若因花样之故，没有中央的留针圈，则要由中央的横线扭加1针。若是织双罗纹针的边缘则中央针要留2针。

1 平收的地方是在收针的下面一行挑，并针的地方是在并针的里面一针针眼里挑，不并针的地方是和门襟一样在1针和2针中间挑。 2 从肩线开始挑针，每行皆挑。 3 不用别色线挑针时，在挑针的时候可以在反面放1根别色线，这样就能很清楚地看到挑针的反面横线了，便于反面缝合或挑机器领。 4 中央针圈在挑针的时候织1针下针。 5 左右两面挑针要对称，针数要一样。 6 V领挑好针的效果。

缝袖的方法

一种是用钩针引拔缝合；一种是用缝衣针缝半回针缝合。

用钩针引拔：

1 将袖子正面和身片正面相对，翻到身片反面（袖子放入身片中），按顺序胁边对袖下，肩线对袖山点以固定针固定，前后袖窿 3 等分的点也以固定针固定。用钩针在 1 针或 1 针半内侧引拔缝合。 2 用钩针引拔缝合后的正面效果。

用缝衣针半回针缝合：

3 同钩针引拔缝合一样，正面和身片正面相对，用固定针固定好各部分位置在反面缝合，缝针从袖片到身片穿入。

4 再从身片到袖片穿入。 5 用半回针缝合好的效果。

机器领的织法

1 按圆领挑针方法挑好针后织 1 行上针，挑针的线跟身片线一样时，在挑针的同时在反面放一根别色线，这样有利于反面挑针。 2 织 4 行下针。 3 把正面的针用环形针穿好，如图用棒针在反面挑针，挑针数和正面针数一样，挑针位置是正面挑针反面的横线。

挑好针后正面织 1 行上针 4 行下针，另用棒针在反面挑针织 3 行下针后和正面棒针上的针合并一根针织，正面比反面多织 1 行，这样才能形成一个很漂亮的圆弧。

4 反面挑好针织 3 行下针。

5 把正、反两面棒针上的针 2 针并织 1 针下针。

6 织好的机器领效果。

短袖的织法

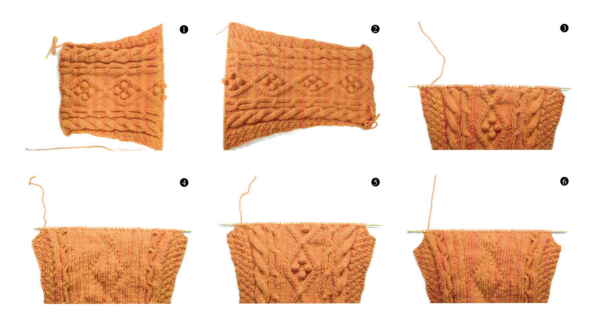

1 起针 49 针，排花。 2 织 6cm 不加针，以后每 3cm 加 1 针，加 14 针。 3 收袖山，以右边袖山为例。正面：右边进收 4 针。

4 反面：左边进收 4 针，右边出收 1 针。 5 正面：右边进收 2 针，左边出收 1 针。 6 反面：左边进收 2 针，右边出收 1 针。

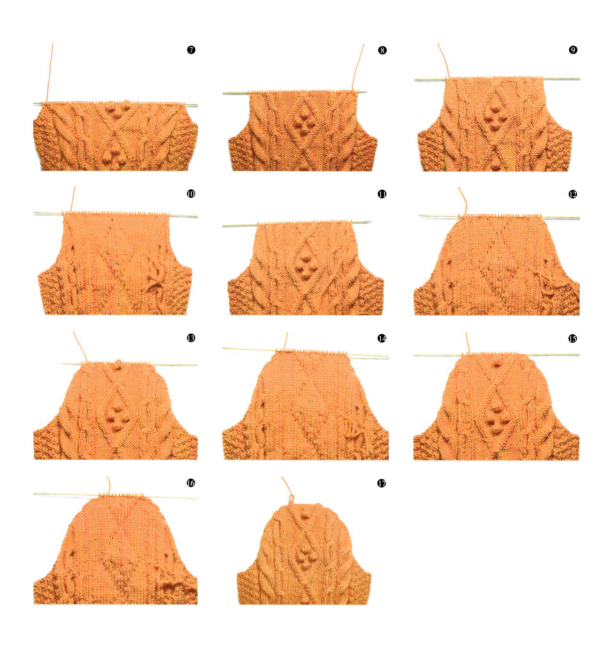

7 正面：右边进收 1 针，左边进收 1 针。 8 反面：左边进收 1 针，右边出收 1 针。正面：右边进不收，左边出收 1 针。

正面：出收 8 次。 9 正面：右边进收 1 针，左边出收 1 针。 10 2-3-1：⑧ 出收 1 针。 11 重复步骤 9、10。

12 正面：右边进收 2 针，左边出收 1 针。反面：左边进收 2 针，右边出收 1 针。 13 正面：右边进收 3 针，左边出收 1 针。

14 反面：左边进收 3 针，右边出收 1 针。 15 正面：右边进收 4 针，左边出收 1 针。 16 反面：左边进收 4 针，

右边出收 1 针。 17 平收，袖子完工。

棒针编织实例练习

Bangzhen Bianzhi Shili Lianxi

儿童手套的编织方法

线材：24/2 合 4 股
工具：12 号针 2 根

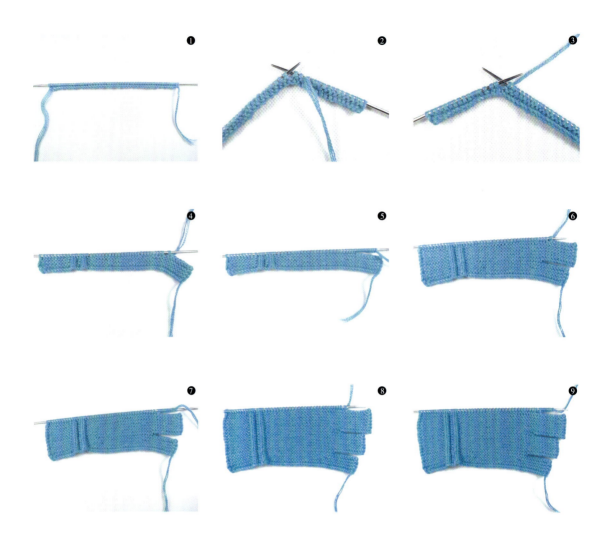

1 12 号针起 52 针织 1 行下针。2 反过来织 10 针下针,把线绕上来把第 11 针和第 12 针不织移到右棒针上,再把线绕下去织 2 针下针,然后把线绕上来把第 15 针和第 16 针不织,移到右棒针上后,再把线绕下去织其他的针。3 上一行不织移到右棒针上的针这一行全织下针,这 4 针是作为手腕线的。4 织 8 行起伏针后约 1.5cm 宽时收小指 9 针。

5 无名指绕线起 11 针。6 无名指织 12 行约 2cm 宽时收无名指 9 针。7 中指绕线起 11 针。8 中指织 14 行约 2.5cm 宽时收中指 11 针。9 食指绕线起 9 针。

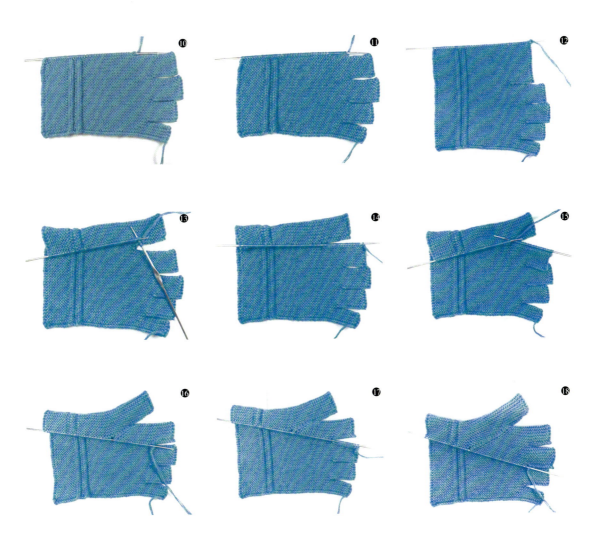

10 食指织 14 行约 2.5cm 宽时收食指 17 针。 11 大拇指绕线起 11 针。 12 大拇指织 32 行约 6cm 宽。

13 正面朝里，反面朝外用钩针收大拇指 11 针。 14 食指挑 17 针。 15 返回来织到 18 针时，左棒针上的针暂停不织，

用引退针返回去再织食指，下一行织到 19 针时又返回去，依次类推的方法，织到手腕线时再全部正常织。 16 食指织

14 行到合适的宽度后用钩针缝合 9 针。 17 中指挑 11 针。 18 中指织 14 行到合适的宽度后用钩针缝合 11 针。

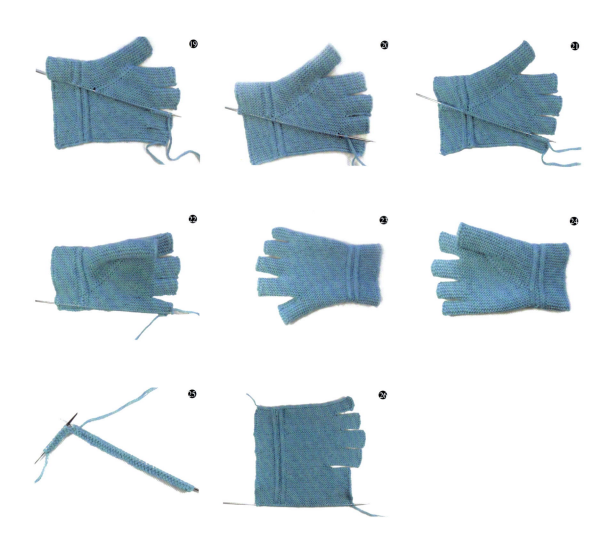

19 无名指挑 9 针。20 无名指织 12 行到合适的宽度后用钩针缝合 11 针。21 小指挑 9 针。22 小指织 10 行
到合适的宽度后用钩针全部缝合完成。23 完成的右手手套的手背效果图。24 完成右手手套的手掌效果图。25
织左手方法和右手一样，注意编织的方向，右手起针织 1 行下针后织 36 针下针后再织手腕线。26 这是右手手套的编
织方向。

儿童帽子围巾手套
三件套的编织方法

【成品尺寸】帽围44cm，帽高17cm；手套长11.5cm，宽7cm；围巾长35cm，宽13cm
【工　　具】3mm棒针4根，2mm钩针，绒球绕线器
【材　　料】粉色中细棉线320g，白色中细棉线30g

帽子

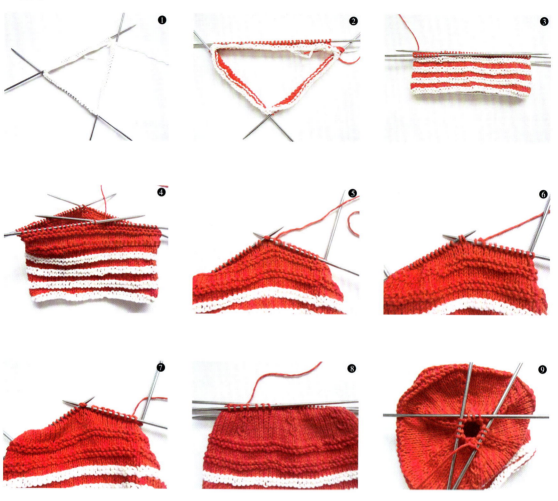

帽子

1 用白色线起84针后圈织1圈上针。2 换红色线圈织3圈下针。3 再换白色线织1圈下针、1圈上针、1圈下针、1圈上针，红白线交替织花样。4 白色线织出3个条纹后，用红色线织2个上针条纹花样。5 红色线织4圈后开始收帽顶，将所有针数均分为6等份，每等份14针，在第11、12针时用左上2针并1针的方法收掉1针。6 在第13、14针时用右上2针并1针方法收掉1针，按同样的方法，每等份在这1圈中都收掉2针。7 不加不减织3圈下针后再进行第2次收针，方法同第1次一样。8 第3次收针的效果。9 按图解最后收到针上只有12针。

10 把线留一小段后剪掉，用尾线把 12 针全部串起来。 11 拉紧所有针数固定藏好线头完成帽顶。 12 留 26 针的位置作为帽沿，分别用记号针做好记号。 13 用红色线在记号针的旁边挑起 16 针织护耳。 14 护耳的图解收针。 15 不断线用钩针把线反复穿过最后 1 针里做织带。 16 把线均分成 3 等份编成辫子。 17 同样的方法完成另一个护耳。 18 做绒球，找一个 5cm 宽的硬纸板，把线反复在纸板上绕线圈。

19 把绕好的线圈取下，中间用线扎紧。20 用小剪刀剪开线圈，整理绒球并缝合固定到帽顶上。21 钩小花，用2.0mm 的钩针手指绕线围成圈，在圈内钩 10 针长针、1 针引拔针。22 按图解在 10 针长针上钩 5 个小花瓣。23 在小花朵 的背面钩 3 锁针、1 短针的网格 5 个。24 在 5 个网格上钩第 2 层小花瓣。25 按图解钩好第 3 层花瓣。26 把钩 好的小花朵缝合固定到帽子的护耳上，同样的方法钩第 2 个花朵缝合固定到另一个护耳上。

手套

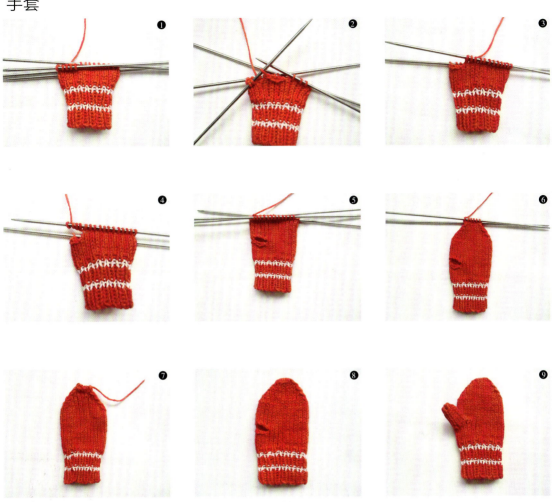

手套

1 用红色线起 28 针圈织 4 圈后换白色线织 2 圈，再换红色线织 4 圈，反复织 12 圈后织平针 6 圈。**2** 把 28 针平分手掌和手背，在手掌的左侧平收 4 针作为拇指孔。**3** 正常织 1 圈。**4** 在上面收针的位置再绕线加 4 针圈织。**5** 织到适合位置开始收针。**6** 按图解收至针上只有 12 针。**7** 把线剪断，用尾线把 12 针全部串起拉紧。**8** 手掌完工。**9** 挑起拇指孔的 8 针圈织 8 圈后用尾线串起拉紧。

❿

⓫

⓬

10 左手手套织好的效果，同样的方法织右手的手套，注意拇指孔收针位置在手掌针数的右侧平收 4 针。

11 用钩针和白色线按图解钩 2 个小花朵。

12 缝合 1 粒塑料小珠子在花心处，然后把小花朵缝合固定在两只手套的手背上。

围巾

❶

❷

❸

❹

围巾

1 用红色线起 28 针按图解织花样，注意上针的错位。**2** 花样织出的效果，注意边针第 1 针不织。**3** 织到 116 行平收。**4** 用钩针在围巾的两头钩松叶针的小花边完工。

成人手套的编织方法

线材：22/3 支羊绒 1 股加 30 支羊毛 2 股
工具：12 号、11 号宏达直针各 4 根

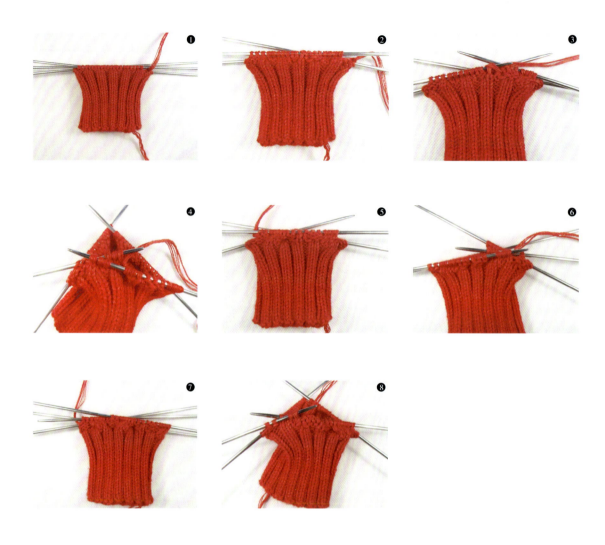

1 12 号宏达直针起双罗纹针 60 针圈织 25 行。 2 换 11 号针把均匀收掉 4 针余 56 针排花（织 4 针下针、3 针上针、1 针元宝针、2 针上针、6 针下针、3 针上针、6 针下针、2 针上针、1 针元宝针、3 针上针、4 针下针、3 针上针、15 针下针、3 针上针）织 2 圈。 3 第 3 圈把第 1 个 4 针下针用左上 2 针交叉针织 1 个麻花针左边 2 针在上面，织 3 针上针、1 针元宝针、2 针上针。 4 第 3 圈的第 1 个 6 针下针用织 4 针麻花一样的方法织成 6 针的麻花，左边 3 针在上面。 5 第 1 个 6 针麻花扭好的效果。 6 第 3 圈织第 2 个 6 针下针，第 2 个扭的方向要与第 1 个 6 针的方向相反，第 2 个 6 针麻花是右边 3 针上面。 7 2 个 6 针麻花对比图。 8 第 3 圈织第 2 个 4 针下针，第 2 个 4 针麻花的方向与第 1 个 4 针麻花方向相反，第 2 个是右边 2 针在上面。

9 按排好的针正常织第 4、5、6 圈，第 7 圈开始扭第 2 次的 4 针麻花，方向与第 1 次的方向一致。这一圈 6 针麻花不扭正常织。10 织到第 10 圈也就是第 2 个 4 针麻花扭 2 次后，织 2 圈开始绕线加针织大拇指。11 在 4 针下针中间的 2 针两边各绕线加了 1 针，下一行把绕线加的这 1 针扭织下针，即第 2 行加 1 次加 2 针。12 织第 11 圈时 4 针麻花和 6 针麻花都要扭，按 4 针麻花扭织 2 次时 6 针麻花扭织 1 次的方法扭织，注意麻花的扭织方向。13 大拇指加针的效果。14 大拇指加针加 10 次 20 针后，用别针或大的记号针把这 20 针穿起来暂留不织。15 原来的第 2 个 4 针麻花织下针。16 分大拇指织 4 圈后跟第 1 个 4 针麻花圈数一致时，第 2 个 4 针下针开始扭麻花。

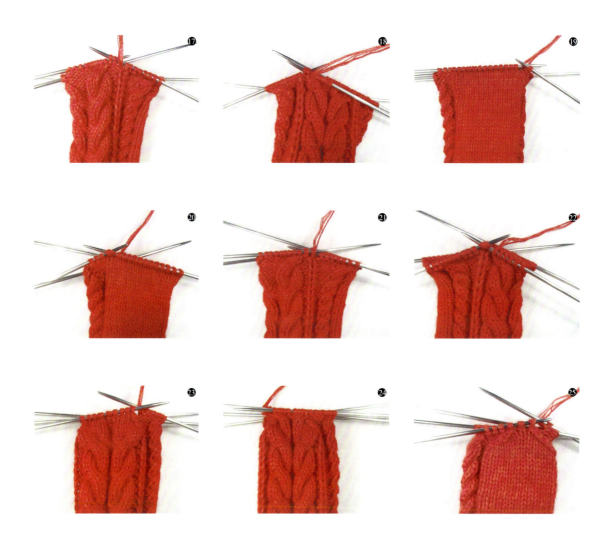

17 手掌长度织够所需后开始收针，在手背的第 1 个 6 针麻花的右边 2 针上针并收 1 针上针。18 在第 2 个 6 针麻花的左边 2 针上针并收 1 针上针。19 在手心的 15 针下针的右边并收 1 针。20 在手心的 15 针下针的左边并收 1 针，这一圈就收掉了 4 针。21 收针第 2 圈继续在手背的右边并收 1 针。22 在手背的左边并收 1 针。23 手背继续收针，这一圈收到 6 针麻花只余下 4 针时，收 2 个 6 针麻花中间的 3 针上针并收成 1 针。24 这一圈把原 6 针麻花收针余下的各 4 针扭织 4 针麻花，这一圈手背不收针。25 手心继续收针收到针上只有 3 针下针时，把针并织 1 针下针，下一圈开始手心全织上针。

26 把手背继续收针，两个原 6 针麻花的是中间收针。27 在两边收针，最后是 3 下针并织 1 针下针后，把所有的针数用缝针串起来用束紧法收口，2 个 4 针麻花及 4 针麻花左右的各 3 针上针都是一直织到最后的加上手心手背的各最后 1 针，总针数是 22 针。28 手心收针的效果。29 手背收针的效果。30 手掌织好后再返回来织大拇指。

31 大拇指挑针时，要在大拇指与手掌之间挑起 3 针加上原有的 20 针即 23 针，织 2 圈后收 2 针，在每织 3 圈收 2 针收 3 次总共收掉了 8 针，针上还有 15 针时用束紧法收口。

成人帽子的编织方法

线材：22/3 支羊绒线合 2 股 70g
工具：12 号、11 号宏达直针各 4 根
密度：10 针 =3.5cm，10 行 =2.5cm

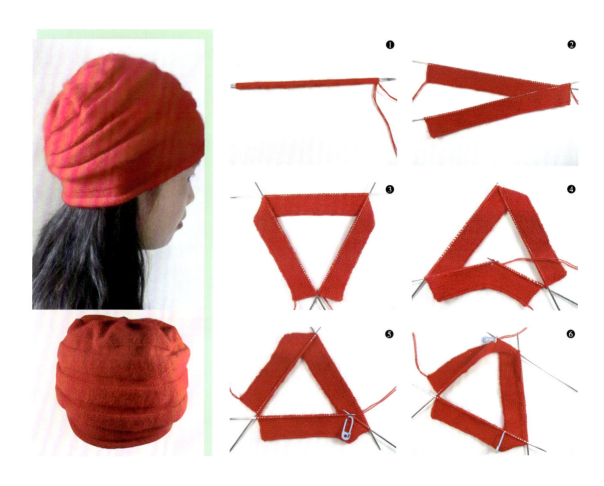

1 12 号直针手指挂线起针 140 针（要是不挑帽边可用钩针在棒针上起针法）。 2 织起伏针 16 行。 3 换 11 号短直针

圈织下针。 4 圈织第 1 圈下针时并分散在棒针上绕线加 15 针，下一行绕线加的这一针织扭下针，140 加上 15 等于 155 针。

5 圈织第 3 行织到尾部针上只有 40 针时织引返针，织上针返回到首针。 6 引返回来到首针上余 40 针时在引返回去圈

织第 4 行。这样引返一回帽前就比帽尾多织了 2 行，即帽前是 6 行，帽尾是 4 行，帽子就有了高低的弧度。

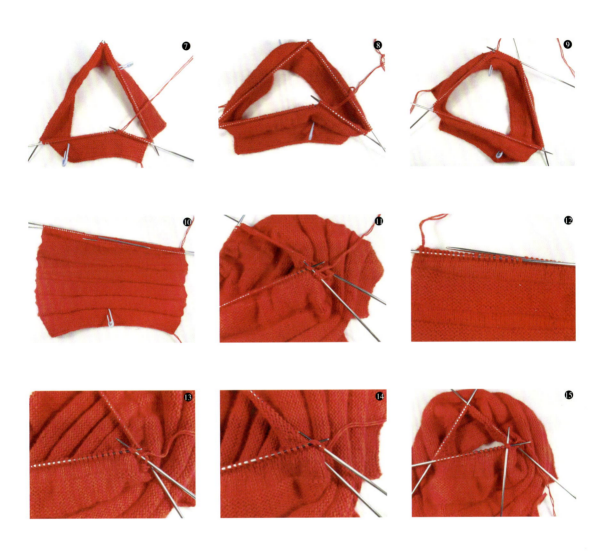

7 从这一行开始正常织 10 圈上针。 8 10 圈上针织完后再织 3 圈下针，织第 4 圈下针时同第 5 步骤织引返针。

9 同第 6 步步骤帽前比帽尾多织 2 行，即帽前 8 行帽尾 6 行。 10 按 7~9 的步骤在织 3 回 10 圈上针和帽尾 6 圈下针。

11 织完帽尾 6 针下针后开始收帽顶，织 3 针下针，第 4 针和第 5 针并织 1 针下针，按这个方法织 3 针并 1 针织完这一圈。

12 第 1 次收完针后不加不减织 2 圈下针。 13 第 2 次收针是织 2 针，第 3 针和第 4 针并织 1 针下针，收完这一圈后也是不加不减织 2 圈下针。 14 第 3 次收针是织 1 针，第 2 针和第 3 针并织 1 下针。收完这一圈后也是不加不减织 2 圈下针。 15 第 4 次收针是直接第 1 针和第 2 针并织 1 下针。收完这一圈后也是不加不减织 2 圈下针。

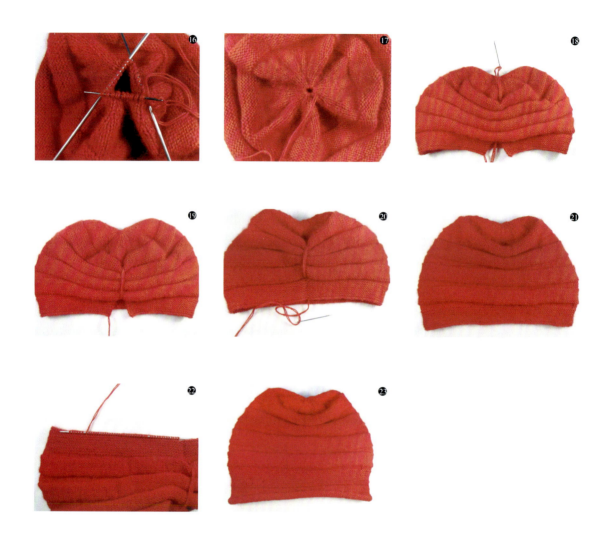

16 用缝针穿过最后余下的针数。 17 用束紧法把线拉紧打好结在反面藏好线头。 18 反针部分用缝针穿起来，从反针的前一排穿进到最后一排出来 。 19 再接着穿下 1 针反针，都串好后就抽出线头在反面系好。 20 用缝针按起伏针拼接的方法缝好帽尾。 21 一项老幼皆宜的百搭帽就织好了。 22 想织帽沿的话，可以在起针片用 11 号直针挑 130 针，织 15 行下针后用卷缝法收针。 23 加了帽沿的效果图。

毛线包的编织方法

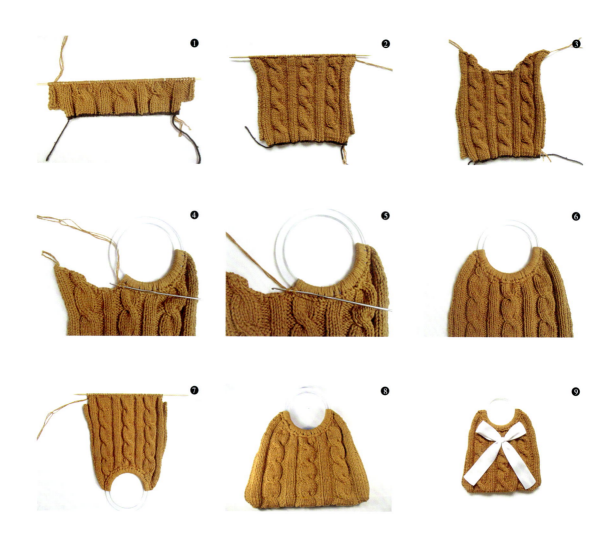

1 别色线起针 48 针，用 4.5mm 的竹针织，羊毛线姜黄色合三股，按图解排 48 针花样织 4 行，织第 5 行时两边同时平加 5 针。 2 织片两边按图解各收掉 4 针，织 18cm 的高度。 3 按图解收包口，先在正中间平收 12 针，然后按 2-3-6、2-1-1 收完两边的各 19 针。 4 收完包口的线不断线，然后用 6 号钩针把塑料包环和包口连接起来。 5 用引拔针连接，线的环绕方向是一正一反绕。 6 塑料包环和包口连接后的效果。 7 回到包底，拆掉别色线编织。 8 按步骤 1 和步骤 6 的方法织好包身的另一面，按结构图提示用缝衣针把包底和侧面缝合完工。 9 剪一条宽 4cm、长 50cm 的丝带如图穿过包身的正中间的麻花针。把丝带打成蝴蝶结完工。

配色图案的编织样图参考

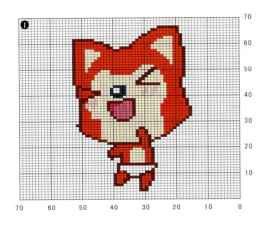

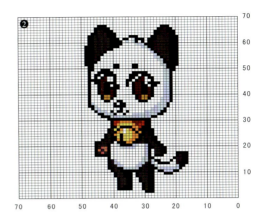

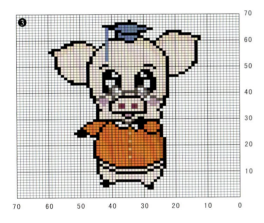

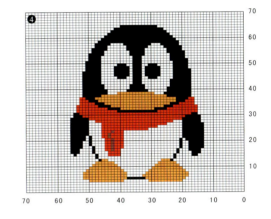

1 阿狸宝宝
每格编织1针1行，可以选用细童年线编织，图案编织的位置应该居中，适合编织后片或者前片。

2 功夫熊猫
可以采用细童年线或者米兰线编织，线材的选择因编织者的喜好可以自由选择，图案位置居中，适合编织儿童毛衣的前片、后片或开衫的后片。图案活泼可爱，是儿童比较喜爱的卡通形象。

3 小猪宝宝
每格编织1针1行，可以选用细米兰线进行编织，编织时保持图案位置居中，此图适合编织儿童套头衫后片或开衫后片。图案活泼可爱，是儿童比较喜爱的卡通形象。

4 QQ宝贝
每格编织1针1行，可以选用细的米兰线进行编织，在线材的选择上应选用质量较好的毛线尤其是黑色线防止洗涤褪色，同时不应选用容易掉毛或者长毛的毛线编织，编织时要保持图案位置居中，适合编织儿童套头衫的前片、后片或开衫后片。

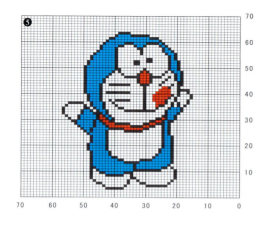

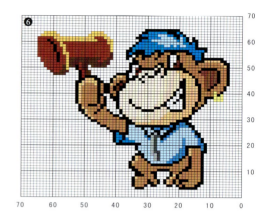

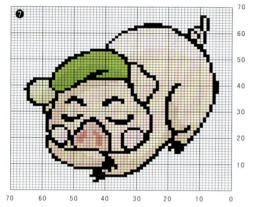

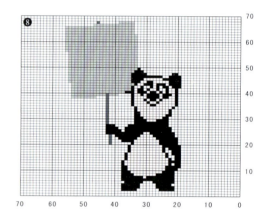

5 叮当猫

每格编织 1 针 1 行，可以选用细的马海毛线进行编织，编织时选择质量较好的毛线，容易褪色的毛色不适合编织配色图案，避免用容易掉毛或者长毛的毛线编织，编织时要保持图案位置居中，适合编织儿童套头衫的前片、后片或开衫后片。

6 大嘴猩猩

每格编织 1 针 1 行，可以选用粗马海毛线进行编织，编织时保持图案位置居中，适合编织儿童套头衫的前片或开衫后片。

7 慵懒的小猪

每格编织 1 针 1 行，可以选用细的开司米线进行编织，选线时应选择不容易掉色的毛线，不要使用容易掉毛或者长毛线编织，编织时保持图案位置居中，适合编织儿童开衫的左前片或右前片。

8 小熊猫

可选用细米兰线进行编织，编织时保持图案在作品的居中位置，适合编织儿童套头衫的前片或开衫后片，此款图案颜色较为单一，以浓重的黑色调线材衬托出熊猫的可爱。

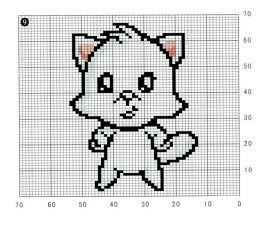

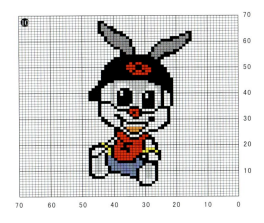

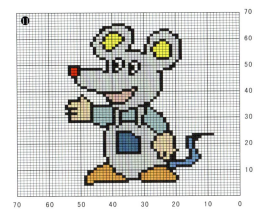

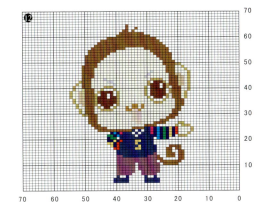

9 **顽皮熊**
每格编织1针1行,可以选用粗米兰线进行编织,图案位置应该保持居中,可以编织儿童套头衫的前片或开衫的后片。

10 **可爱乖小孩**
每格编织1针1行,可以选用粗童年线进行编织,图案位置保持居中,适合编织儿童套头衫的后片。图案活泼可爱,是儿童比较喜爱的卡通形象。

11 **小老鼠**
每格编织1针1行,可以选用细米兰线进行编织,编织时保持图案位置居中,此图案适合编织儿童套头衫的前片、后片或开衫的后片,无论编织在哪个位置都特别漂亮。

12 **小猴子**
每格编织1针1行,可以选用粗马海毛线进行编织,编织时保持图案位置居中,编织者也可以根据个人喜好重新搭配毛线颜色,适合编织儿童套头衫的前片。

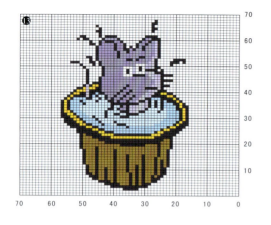

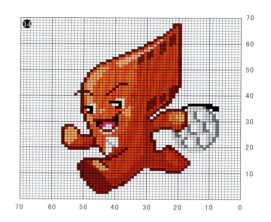

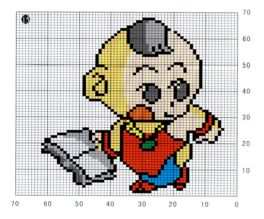

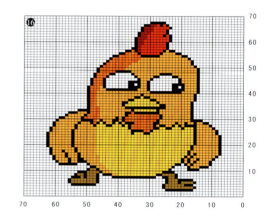

13 浴缸里的小老鼠

每格编织 1 针 1 行，可以选用质量较好且不易褪色的毛线进行编织，不要选用容易掉毛的毛线进行编织，编织时保持图案位置居中，适合编织儿童套头衫的前片。

14 顽皮小子

每格编织 1 针 1 行，可以选用质量较好且不易褪色的毛线进行编织，不要选用容易掉毛的毛线进行编织，编织时保持图案位置居中，适合编织儿童套头衫的前片。

15 爱读书的小男孩

每格编织 1 针 1 行，可以选用质量较好且不易褪色的细马海毛线进行编织，不要使用容易掉毛的毛线或者长毛线编织，编织时保持图案位置居中，适合编织儿童套头衫的前片。

16 小鸡

每格编织 1 针 1 行，可以选用粗马海毛线进行编织，线条位置可以采用刺绣的针法表现，此图案适合编织儿童套头衫的后片。图案活泼可爱，是儿童比较喜爱的卡通形象，穿出儿童的欢悦与可爱。

多种棒针花样的实例编织方法

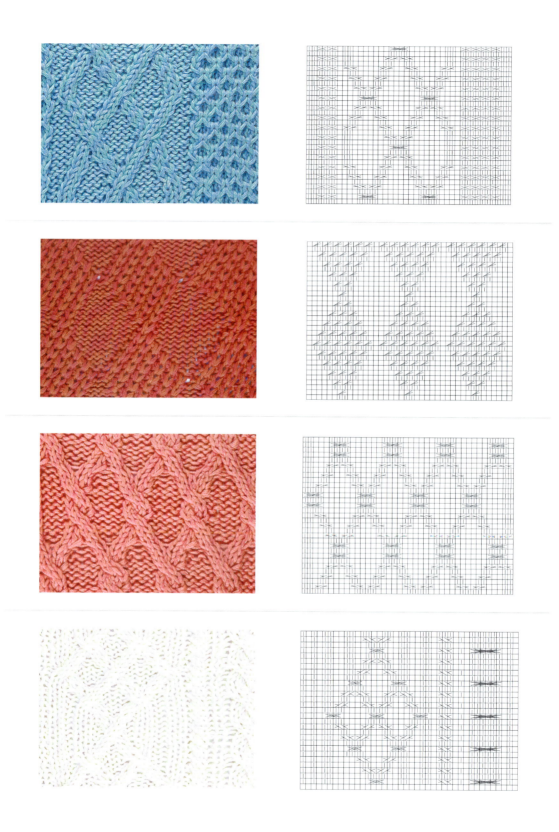